U0258694

"十四五"国家重点出版物出版规划重大工程

量子科学出版工程（第四辑）

国家出版基金项目

NATIONAL PUBLICATION FOUNDATION

Technology Application
and Patent Analysis of
Quantum Computing

张学和　郭国平　著

量子科学出版工程
Quantum Science
Publishing Project

量子计算
技术应用与专利分析

中国科学技术大学出版社

内 容 简 介

在对量子计算进行深入产业调研的基础上,对量子计算的硬件、软件和应用三大领域的专利进行检索和分析,厘清国内外量子计算的超导量子芯片、量子态、逻辑门与逻辑操作、编译器、量子模拟器等主要技术的专利布局、重点申请人、关键技术脉络和应用场景,并结合非专利文献的检索与分析,把握量子计算领域的技术脉络和发展趋势,对我国量子计算技术发展的技术布局、专利战略和产业发展提出了有益的建议。

图书在版编目(CIP)数据

量子计算技术应用与专利分析/张学和,郭国平著.--合肥:中国科学技术大学出版社,2024.9

(量子科学出版工程.第四辑)

国家出版基金项目

"十四五"国家重点出版物出版规划重大工程

ISBN 978-7-312-05928-5

Ⅰ.量… Ⅱ.①张… ②郭… Ⅲ.量子计算机 Ⅳ.TP385

中国国家版本馆 CIP 数据核字(2024)第 055818 号

量子计算技术应用与专利分析

LIANGZI JISUAN JISHU YINGYONG YU ZHUANLI FENXI

出版	中国科学技术大学出版社 安徽省合肥市金寨路 96 号,230026 http://press.ustc.edu.cn https://zgkxjsdxcbs.tmall.com
印刷	合肥华苑印刷包装有限公司
发行	中国科学技术大学出版社
开本	787 mm×1092 mm 1/16
印张	15.25
字数	304 千
版次	2024 年 9 月第 1 版
印次	2024 年 9 月第 1 次印刷
定价	78.00 元

前言

　　随着科学技术的不断演进,人类对计算能力的巨大需求也变得愈发迫切。传统计算机体系结构面临着越来越多的限制,在解决某些复杂问题时,其效率和速度显然不尽如人意。在这一背景下,量子计算技术的崛起正为我们打开一扇全新的大门,这项技术凭借着基于量子力学原理的计算方式,提供了无与伦比的计算潜力,有望彻底改变我们对计算能力的认知。

　　本书旨在为读者提供关于量子计算技术的理论介绍和专利分析,深入探讨量子计算技术的产业基础和发展趋势及其在各个领域的实际应用,覆盖产业链构成、技术发展现状、技术发展方向和趋势,以期为量子计算技术领域的从业者提供一个全面的产业回顾和概览。

　　本书对量子计算领域的相关专利进行了重点分析。我们广泛收集和整理了大量的量子计算领域的专利文献(数据检索截止日期为 2020 年 8 月 31 日),深入探讨这些专利对技术创新与商业应用的价值、影响和潜力,仔细审视、甄别、分析不同专利的特征和相互关系。通过深入挖掘专利背后的技术细节和创新主体的技术布局、发展路径,以一个全面的、实用的视角,帮助读者更好地理解量子计算技术的商业价值和科技价值及其在国家安全、经济发展等方面的重大战略价值。

量子计算技术不仅是企业发展和产业升级的催化剂,还是科技创新、经济发展的重要引擎。因此,我们重点关注量子计算技术在企业创新和产业应用方面的实践,并探讨其在人工智能、生物科技、量子软件等领域的应用前景。我们期待本书能激发读者对量子计算技术的学习兴趣,并积极参与和探索这个具有无限可能的新兴领域。

感谢那些在量子计算领域取得重要成就的科学家、工程师和研究人员,因为他们的努力和贡献,量子计算技术得以快速发展,为人类的发展带来前所未有的机遇。本书在郭国平教授的指导下撰写,主要执笔人为张学和,樊亚芳、高筱培、党贵芳、李涛、徐曼、吴求玉,许斌丰、彭小宝、赵勇杰、万明、胡勋勋参与了内容研究,在此对上述人员表示衷心的感谢。此外,本书为国家知识产权局专利局专利普及项目"量子计算技术领域专利分析"的研究成果,在此一并致谢。

最后,希望本书能成为读者探索量子计算领域、理解其技术内涵和商业价值的重要参考书,能为读者迈向量子计算时代提供些许指引和启迪。

作 者

2023 年 8 月

目录

第3章

量子计算技术专利总览 —— 029

第4章

量子计算硬件专利分析 —— 039

第 5 章

量子计算软件专利分析 —— 075

第 6 章

量子计算应用专利分析 —— 103

第9章
结论与建议 —— 229

第 1 章

绪论

量子计算作为借助量子叠加和量子纠错等独特物理现象,以经典理论无法实现的方式获取、传输和处理信息的新兴信息技术,是近年来国际科技竞争的战略要地。量子计算在实施的时候,利用量子叠加和纠缠等物理特性,以微观粒子构成的量子比特为基本单元,通过量子态的受控演化来实现数据的存储、计算。

随着量子比特数量增加,量子计算的算力可呈指数级增长,理论上具有经典计算无法比拟的巨大的信息携带能力和超强的并行处理能力,以及攻克经典计算难题的巨大潜力。

1.1 引言

量子计算技术带来的算力飞跃,很可能成为未来科技加速演进的"催化剂",一旦取得突破,就会在基础科研、新型材料、医药研发、信息安全和人工智能等经济社会的诸多领域产生颠覆性影响,因此其潜在价值不仅引起科学界的关注,还得到各国政府的高度重视,具有巨大的吸引力。

各国政府竞相开展量子计算相关技术的布局研究,以抢占量子计算相关技术应用的制高点。例如,早在2002年,美国国防部高级研究计划局(DARPA)就制定了《量子信息科学与技术规划》,2015年发布的《国家战略性计算计划》将量子计算列为维持和增强美国高性能计算能力的核心工作。2016年7月,美国国家科学技术委员会(NSTC)发布《推进量子信息科学发展:美国的挑战与机遇》。2018年,美国陆续发布《量子信息科学国家战略概述》《国家量子计划法案》。美国已将量子信息技术列入国家战略、国防与安全研发计划,对量子计算研究给予长期和广泛的支持,确保美国在量子信息技术领域获取技术领先优势。

欧洲也高度重视量子信息技术对地区经济安全的影响,积极投入资源以大力发展相关技术。2016年以来,欧盟委员会相继发布《量子宣言》和"量子技术旗舰计划",计划在2028年以前投资10亿欧元,重点推动通信、计算、模拟、传感和计量、基础科学等五大量子技术领域的发展,建立极具竞争力的欧洲量子产业,确保欧洲在未来全球产业蓝图中占据领导地位。英国于2015年3月发布《国家量子技术战略》,提出未来30年量子技术研发和商业应用的重点领域和前景。2016年11月,英国政府科学办公室(GOS)发布《量子时代的技术机遇》。2018年9月,德国联邦教育与研究部(BMBF)发布联邦政府框架计划《量子技术:从基础到市场》,在2018—2022年投入6.5亿欧元,重点研究量子卫星、量子计算和用于高性能高安全数据网络的测量技术等。2018年5月,法国总统与澳大利亚总理签署谅解备忘录,两国成立硅量子计算合资公司,尝试开发量子硅集成电路并进行商业化,以在量子计算硬件的生产和工业化上成为全球参与者。

日本政府也做了一系列工作以保证日本在量子技术方面占据一定的优势。例如,日本政府在2016年1月发布的《第五期科学技术基本计划》中把量子技术认定为创造新价值的核心基础技术;2016年3月,日本文部科学省基础前沿研究会下属的量子科技委员会开始调研和探讨量子技术的推进措施;同一时期,日本科学技术振兴机构(JST)将"实现对量子状态的高度控制,开拓新的物理特性和信息科学前沿"作为2016年度战略性创造研究推进事业的战略目标之一;2016年4月,国立研究开发法人——量子科学研究开发机构(QST)成立,其合并了放射医学综合研究所与原子能研发机构的一部分,以统一推进量子技术研发;2017年2月13日,量子科技委员会发表名为《关于量子科学技术的最新推动方向》的中期报告,提出日本未来在该领域应重点发展量子信息处理和通信、量子测量、传感器和影像技术、最尖端光电和激光技术;2018年3月,日本文部科学省发布量子飞跃旗舰计划(Q-LEAP),旨在资助日本光量子科学的研究活动,通过量子科学技术解决重要经济和社会问题,量子飞跃旗舰项目每年将获得 3 亿～4 亿日元(约 1800 万～2400 万元人民币)资助,基础研究项目每年将获得 2000 万～3000 万日元(约 120 万～180 万元人民币)资助。

我国也高度重视量子计算技术研究,将其列入国家发展规划,推出一系列相关发展计划和政策,力争在量子计算领域取得重大突破。2016 年 7 月,国务院印发《"十三五"国家科技创新规划》,将量子计算列入面向 2030 年的科技创新重大项目,重点研制通用量子计算原型机和实用化量子模拟机。为执行此科技创新规划,科技部门针对量子计算研究部署了相应的国家科技计划项目。其中,科技部国家重点研发计划于 2016 年设立量子调控与量子信息重点专项,并在 2016—2018 年资助了一系列量子计算研究项目。《国家自然科学基金"十三五"发展规划》指出,重点支持量子信息技术的物理基础与新型量子器件等研究,大力推动量子计算等重大交叉领域的研究。2017 年,国家自然科学基金委员会设立"准二维体系中的高温超导态和拓扑超导态的探索"重大项目;2018 年,设立"微结构材料中声子的调控及其在超导量子芯片中的应用"重大项目。

中共中央政治局在 2020 年 10 月 16 日下午就量子科技研究和应用前景举行第二十四次集体学习。习近平总书记在主持学习时强调,当今世界正经历百年未有之大变局,科技创新是其中一个关键变量。我们要于危机中育先机、于变局中开新局,必须向科技创新要答案。要充分认识推动量子科技发展的重要性和紧迫性,加强量子科技发展战略谋划和系统布局,把握大趋势,下好先手棋。

在创新强国的背景下,各国围绕量子计算这一前沿技术竞相加大投入力度。近年来,全球围绕量子计算技术的专利申请量呈逐年增加态势,各国在进行量子计算技术研发的同时,纷纷开展量子计算相关技术的创新成果的知识产权保护工作。全球围绕量子计算技术的专利申请量为每年几百件,围绕量子计算技术的知识产权工作整体处于起步期。各国都希望通过爆发期的积累来建立起与量子计算技术相关的知识产权的领先地位,从而为获得量子计算技术绝对话语权奠定基础。

专利文献涵盖全球 90% 以上的技术情报,蕴含着重要的技术与市场信息。本书围绕量子计算的专利数据展开,结合非专利文献的检索分析,运用多种专利检索分析工具对量子计算的专利技术布局和产业发展情况进行深入研究,以厘清量子计算潜在技术发展路径,把握行业核心竞争者及其技术路线,明确核心专利技术,对量子计算技术发展阶段和产业化发展前景进行预判,掌握国内量子计算行业面临的专利风险,协助行业竞争者做好专利战略布局,发现技术创新和专利布局机会,从而给我国量子计算研究和产业发展提供有益的参考。

1.2　主要内容

由于量子计算技术尚未收敛,为了全面评估该领域的主要技术,本书在专家访谈与行业调研的基础上,将量子计算技术领域专利分析的研究边界限定在三大主要领域,即量子计算硬件、量子计算软件和量子计算应用,并围绕这三大领域开展行业调研、技术分解、专利检索与分析等研究。

量子计算技术领域专利信息分析研究按照前期准备、数据采集、专利分析、报告撰写四个阶段开展,涉及成立课题组、确定分析目标、项目分解、选择数据库、制定检索策略、专利检索、专家讨论、数据加工、选择分析工具、专利分析和撰写分析报告等 11 个环节。有些环节还涉及多个步骤,如专利检索环节包括初步检索、修正检索式、提取专利数据三个步骤。

本书主要内容包括:

(1) 量子计算产业分析。在行业调研的基础上,对量子计算进行产业分析,对产业现状、主要技术发展现状、产业发展趋势与技术发展趋势等进行综合研究。

(2) 专利分析。主要包括总体分析、量子计算硬件专利分析、量子计算软件专利分析、量子计算应用专利分析和重点申请人专利分析。

(3) 非专利文献分析。量子技术尚未收敛,技术发展存在不确定性,为了全面了解量子计算技术的发展现状、发展趋势和技术前沿,本书对量子计算研究论文进行了分析,主要包括文献概况、主要作者、基金资助和合作网络等内容。

(4) 量子技术专利分析研究主要结论、发展建议及措施等。

技术分解是专利分析研究的一项重要工作,恰当的技术分解可为专利检索和分析提供科学的、多样化的数据支撑。专利法规定一件专利申请如果要获得专利权就需要符合单一性规定,这决定了一件专利申请的发明内容往往只涉及某项技术的某一点创新式改进,而一项新"技术"往往是成千上万项创新式发明点的集合,其背后对应着成千上万件专利申请。如何将这些数量众多的反映该项新"技术"的专利申请进行归类整理,以反映该项新"技术"的专利布局情况,这正是技术分解所要解决的问题。

本书根据确定的分析目标,在听取专家建议的基础上,依据行业内的技术分类习惯进行分解,同时兼顾专利检索的特定需求和项目目标的需求,力求分解后的技术重点既能反映产业的发展方向,又便于检索操作,以确保数据的完整、准确。具体的技术分解表如表 1.1 所示。

表 1.1　量子计算技术分解表

一级分支	二级分支	三级分支	四级分支
量子计算硬件	超导量子计算	超导体系量子计算芯片	基片材料
			超导量子比特
			信号耦合
			信号传输
			容错纠错
			噪声
			测试与封装
		超导量子计算测量控制技术	主控模块
			信号源模块
			低温电子器件
			低温系统
	半导体量子点量子计算	半导体量子计算芯片	基片材料
			量子点
			信号耦合
			信号传输
			容错纠错
			噪声
			测试与封装
		半导体量子计算测量控制技术	主控模块
			信号源模块
	离子阱		
	线性光学量子计算		
	核磁共振		
	金刚石体系量子计算		
量子计算软件	量子软件开发工具	编译器	前端
			中间代码生成
			即时编译
			中间代码优化

一级分支	二级分支	三级分支	四级分支
量子计算软件	量子软件开发工具	编译器	量子线路优化与校准
			后端代码映射适配
		编程语言	类型系统
			量子经典混合
		量子模拟器	全振幅虚拟机
			部分振幅虚拟机
			单振幅虚拟机
			含噪声虚拟机
			CPU、GPU
			分布式计算
	量子计算机系统软件		
量子计算应用	量子算法	Shor 算法	质因数分解
			RSA
			量子线路
			量子逻辑门
		Grover 算法	非结构化量子搜索
			量子比特
			基态
			目标量子态
			Walsh-Hadamard 变换
		HHL 算法	线性方程组
			受控旋转
			辅助比特
			反向位估计算法
		Bernstein-Vaziran 算法	比特串
			黑箱
			复杂度
		探索最大值算法	数据集
			Oracle

一级分支	二级分支	三级分支	四级分支
量子计算应用	量子算法	相位估计	量子傅里叶变换
			酉矩阵
			量子态
			本征向量
			寄存器
			叠加态
		QAOA 算法	近似优化
			哈密顿量
		Deutsch-Jozsa 算法	指数级加速
			Bell 测量
		Quantum Walk 算法	聚类问题
			组合优化
			元素区分
	行业领域应用	生物科技	新材料和新药物
			分子结构
			基因排序分析
			分子蛋白化学间作用
		人工智能	深度学习
			计算能力
			信息处理
		数据处理	运算速度
		搜索引擎	信息安全
			信息容量
	量子云	量子软件设计开发与验证	
		量子计算教育和普及	
		量子硬件设计与验证	
		量子算法验证和实现	

1.3　数据检索与处理

　　根据技术分解表中各技术领域分支的平行独立性,采用"分总"式检索策略,对技术分解表中的各技术分支进行检索,获得各技术分支下的检索结果,然后将各技术分支的检索结果进行合并,得到总的检索结果。

　　根据技术分解表中各技术领域的划分(图1.1),我们将检索结果分成五大部分:超导体系量子计算芯片、超导量子计算测量控制技术、半导体体系量子计算芯片、量子计算软件和量子计算应用。

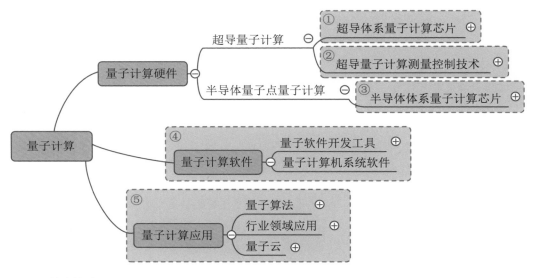

图 1.1　检索策略

　　在检索过程中,先分解检索要素,然后采用关键词和 IPC 分类号限定各检索要素的技术领域、技术特征等,以提高数据的准确性和全面性。经过初步检索后,通过浏览检索结果来判断是否调整检索词等:若噪声过多,则缩小检索词范围或调整检索词;若检索结果内容过窄,则适当放宽检索词。如此反复,最终在查全和查准之间寻求最佳平衡点。

　　在验证检索结果时,我们多采用合肥本源量子计算科技股份有限公司(以下简称本源量子)的相关专利作为检验检出数据全面性和准确性的指标。若在某些技术领域,本源量子没有相关专利发表,则采用人工排查或取其他数据集加人工排查的方式进行结果验证。

本书数据检索截止日期为 2020 年 8 月 31 日。专利检索完成后，依据技术分解后的技术内容，对采集的数据进行加工整理，形成分析样本数据库。数据加工主要包括数据转换、数据清洗和数据标引三个步骤：

（1）数据转换是数据加工过程中的第一步，其目的是使检索到的原始专利数据转化为统一的、可操作的、便于统计分析的数据格式。

（2）数据清洗是对数据做进一步加工处理，其目的是保证本质上属于同一类型的数据最终能够被聚集到一起，作为一组数据进行分析。各国在著录项录入时，由于标引的不一致、输入错误、语言表达习惯不同、专利法律状况改变、重复专利或同族专利等因素造成原始数据不一致，如果对数据不加以整理或合并，那么在统计分析时就会产生一定程度的误差，从而影响整个分析结果的准确性。

（3）数据标引是指根据不同的分析目标，给原始数据中的相关记录加入相应的标识，从而增加额外的数据项来进行相关分析。本书的数据标引包括标题、摘要、申请人、公开（公告）号、公开（公告）日、申请号、申请日、专利类型、技术功效句、技术功效短语、技术功效 1 级、技术功效 2 级、技术功效 3 级、技术功效 TRIZ 参数、标引 1——技术分支标引、标引 2——专利申请地区分布、标引 3——专利申请五局（即欧洲专利局、日本专利局、韩国知识产权局、中国国家知识产权局和美国专利商标局）分布、标引 4——国内申请人类型。

第 2 章

量子计算产业分析

2.1　量子计算产业概述

量子计算是一种基于量子力学的颠覆式的计算模式。它以量子比特为基本单元,通过量子态的受控演化来实现数据的存储和计算。量子计算机是遵循量子力学规律,应用上述原理进行信息处理的物理装置。与经典计算相比,量子计算具有以下特点:

(1) 并行计算能力强。由于量子叠加效应,量子计算过程中的幺正变换可以对处于叠加态的所有分量同时进行操作,实现多路并行计算,这也是量子计算机具有超强信息处理能力的根源。

(2) 能耗更低。当前,经典计算的运算速度陷入一个瓶颈——能耗对芯片集成度形成制约。研究表明,能耗产生于计算过程中的不可逆操作。传统芯片的特征尺寸减小到数纳米时,量子隧穿效应开始显著,电子受到的束缚减小,使得芯片效能降低、功耗提高,这就是摩尔定律面临失效的原因。相较之下,量子计算中的幺正变换属于可逆操作,因此信息处理过程中的能耗更低,这有利于大幅提升芯片的集成度,以及量子装置的计算能力和效能。

2.2　量子计算产业发展现状

2.2.1　量子计算产业链构成

随着全球范围内量子计算产业格局与生态圈的不断壮大,量子计算产业链初步形成,主要包括制造生产、衍生技术产品、应用生态与教育培训服务。

2.2.1.1　量子计算制造产业链

量子计算产业核心产品——量子计算机包括量子计算硬件系统(量子芯片系统、量子计算机控制系统)和量子计算软件系统(量子计算机操作系统、量子语言编译器、量子应用软件、量子计算机集成开发环境、量子计算编程框架、量子计算云平台)。每一类系统下的各种产品制造皆可构成一条完整的制造子产业链。其中,量子计算硬件系统下的产品制造与目前发展成熟的集成电路产业链紧密相关。

2.2.1.2　量子计算衍生产业链

量子计算衍生产业链依托可用于信号控制、精密探测、低温电子学等非量子计算场景的量子测控技术(微波技术、脉冲调制技术、高性能数字逻辑电路技术、信号采集技术等),以及低温电子器件、量子测控仪器与量子功能器件等产品,并与电子设计、测量与测试自动化产业相结合,能够开发出军用及民用分析仪、示波器、信号源、发生器等创新型产品。

2.2.1.3　量子计算应用产业链

根据麦肯锡咨询公司、波士顿咨询公司等知名咨询机构的专业报告,在 2025 年前,基于量子模拟和含噪声的中型量子计算(NISQ)原型机在生物医药、分子模拟、大数据集优化、量化投资等领域有望率先实现应用；2030年，通用量子计算机研制将取得重大突破，在与经典计算机互补的状况下，"量子计算＋"应用融合模式有望在国防军事、航天航空、金融工程、生物医药、新能源汽车、人工智能、区块链、大数据、新材料等领域广泛投入应用，从而研发出一批具有颠覆意义的"杀手级应用"。

2.2.1.4　量子计算教育产业链

量子计算教育产业链依托量子教育平台、量子学习机、量子教育在线课程、量子教材等产品，并与高校学科建设、前沿科技全民科普、中高层人才职业化培训等活动相结合，从而建立起传播量子计算基础知识的科普教育基地和培养工程技术人才的实训/工程实践基地。

综合上述针对量子计算制造、衍生、应用、教育等产业链的论述，本源量子对产业链的全景刻画如图2.1所示。

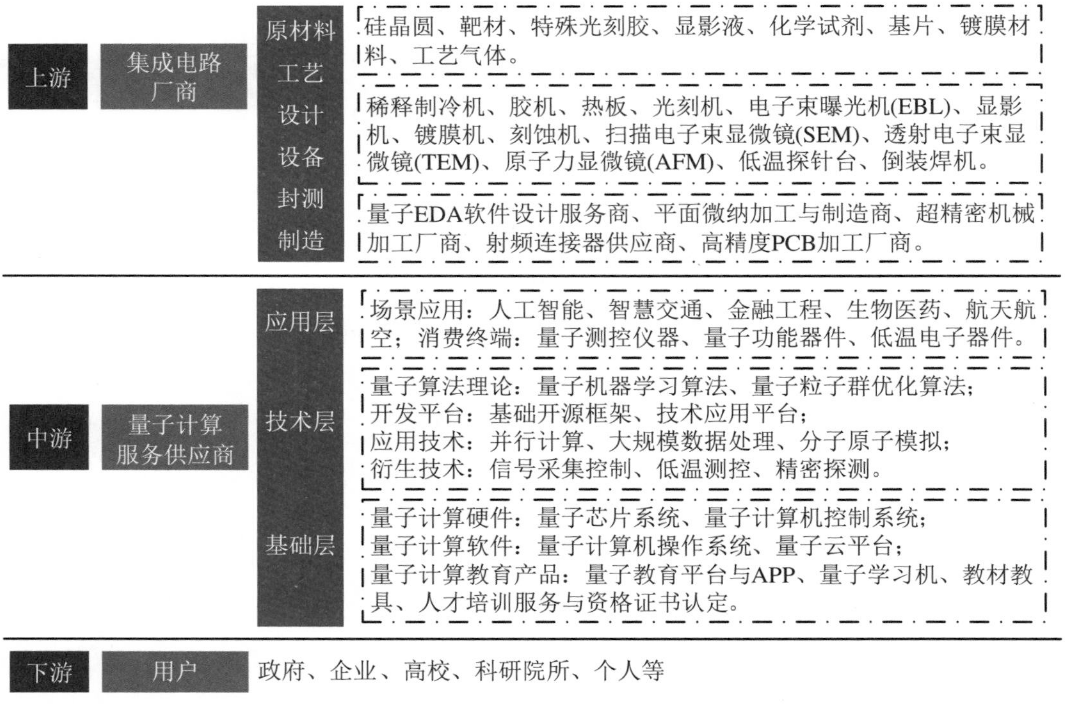

上游	集成电路厂商	原材料	硅晶圆、靶材、特殊光刻胶、显影液、化学试剂、基片、镀膜材料、工艺气体。
		工艺设计设备封测制造	稀释制冷机、胶机、热板、光刻机、电子束曝光机(EBL)、显影机、镀膜机、刻蚀机、扫描电子束显微镜(SEM)、透射电子束显微镜(TEM)、原子力显微镜(AFM)、低温探针台、倒装焊机。
			量子EDA软件设计服务商、平面微纳加工与制造、超精密机械加工厂商、射频连接器供应商、高精度PCB加工厂商。
中游	量子计算服务供应商	应用层	场景应用：人工智能、智慧交通、金融工程、生物医药、航天航空；消费终端：量子测控仪器、量子功能器件、低温电子器件。
		技术层	量子算法理论：量子机器学习算法、量子粒子群优化算法；开发平台：基础开源框架、技术应用平台；应用技术：并行计算、大规模数据处理、分子原子模拟；衍生技术：信号采集控制、低温测控、精密探测。
		基础层	量子计算硬件：量子芯片系统、量子计算机控制系统；量子计算软件：量子计算机操作系统、量子云平台；量子计算教育产品：量子教育平台与APP、量子学习机、教材教具、人才培训服务与资格证书认定。
下游	用户		政府、企业、高校、科研院所、个人等

图2.1　量子计算产业链的全景刻画

2.2.2　市场容量

目前,量子计算技术仍处于基础研发阶段,量子计算企业和国际知名咨询机构对量子计算商用的观点与前景预测的部分共识为:① 2020—2030 年,量子计算商用化起步,量子计算机面向特定用户进行销售;② 不早于 2030 年,量子计算进入全面商用化时期,结合机器学习、人工智能、区块链等高科技,在这些应用领域产生实际价值。

以下列举部分在战略管理咨询领域具有全球影响力的权威咨询机构对量子计算商用的预测情况。

2.2.2.1　美国国际数据公司

2027 年,全球量子计算的市场规模将达到 107 亿美元,与 2017 年相比,10 年内增长超过 40 倍。

2.2.2.2　波士顿咨询公司

2019 年初,波士顿咨询公司发布《量子计算行业调研报告》,在不考虑量子纠错算法取得进展的情况下,保守估计到 2035 年,全球量子计算应用的市场规模将达到近 20 亿美元,然后暴涨至 2050 年的 2600 多亿美元。如果量子计算技术迭代速度超出预期,那么乐观估计 2035 年的市场规模可突破 600 亿美元,2050 年有望飙升至 2950 亿美元(图2.2 和图 2.3)。

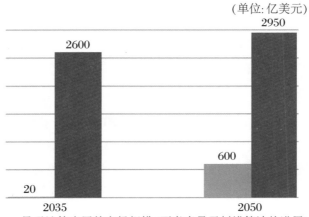

图 2.2　2035—2050 年全球量子计算应用的市场规模预测

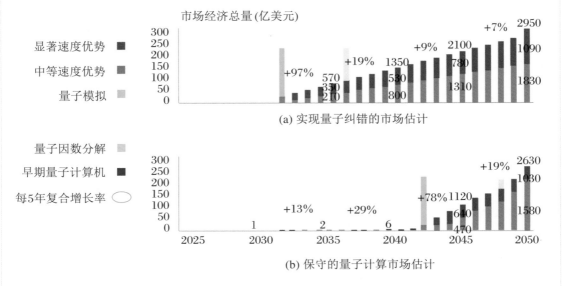

图 2.3　2035—2050 年全球量子计算应用的市场年度增长细目图

2.2.2.3　德勤会计师事务所

2019 年初,德勤会计师事务所发布的《2019 年科技、传媒和电信行业预测》显示:2020—2029 年,含噪声的中型量子计算(专用量子计算机)市场每年将产生数亿美元的价值;2030—2039 年,商业通用量子计算机诞生,量子计算市场扩张,每年将产生数百亿美元的价值。

2.2.3　目标市场

量子计算的市场十分广阔,以量子计算原型机、专用量子计算机和通用量子计算机的研制生产、销售服务为核心,其硬件产品制造与衍生应用将为集成电路产业带来新商机。同时,量子计算作为技术加速器,结合第二、三产业多个领域的发展需求,"量子计算 + "融合模式有望在国防军事、航天航空、金融工程、生物医药、新能源汽车、人工智能、区块链、大数据、新材料等领域广泛投入应用。

2.2.4　技术发展现状

2.2.4.1　量子芯片研究

在已知的量子计算方案中,超导量子计算在集成度上最具优势。目前,量子芯片集成度最高的是 D-Wave 公司在 2017 年公布的基于 2000 个超导量子比特的量子退火器 D-Wave 2000Q。D-Wave 公司早在 2008 年就公开发布了基于超导量子比特的 28 位量子退火机,2011 年,D-Wave 公司发布了世界上第一台专用量子计算机原型机 D-Wave One。2013 年,美国航空航天局(NASA)和谷歌(Google)公司共同预定了一台 512 位量子退火机 D-Wave Two。虽然量子退火机只能用于探索少数问题的解决方案,但它是在发展实用化量子计算机原型机道路上摸索前进的第一步。2016 年,国际商业机器公司(IBM)率先推出了包含 5 位超导量子芯片的云服务平台"Quantum Experience"(量子体验),用于推广和探索量子计算的潜在应用。随后,IBM 陆续推出了基于 14 位、16 位、20 位量子芯片的在线云服务,并声称研发出 50 位量子处理器(未公开完整数据)。2017 年,初创公司 Rigetti 公司推出基于超导量子芯片的 19 位通用量子处理器在线云服务。2018 年,谷歌公司研制出基于超导量子比特的 72 位量子芯片,其平均相干时间大于 20 μs,平均单比特、两比特量子逻辑门操作的保真度分别为 99.94% 和 99.4%,且量子比特的读取保真度也高达 98%。谷歌公司正在试图利用该芯片研究具有"量子优势"的量子算法应用,这也是目前国际上性能最好的量子芯片。2018 年,英特尔(Intel)公司也参与到超导量子芯片的代工中,并为代尔夫特理工大学提供了 49 位量子芯片样品。

同时,其他量子计算方案也在不断取得突破。2017 年,哈佛大学、麻省理工学院和加州理工学院的研究团队共同研发了基于里德伯原子的 51 位量子处理器,相关成果发表在 *Nature* 杂志上(*Nature*,2017 年 551 期第 579-584 页)。同期发表的还有马里兰大学和美国国家标准与技术研究院合作研制的基于离子阱体系的 53 位量子处理器(*Nature*,2017 年第 551 期第 601-604 页)。2017 年,中国科学技术大学合肥微尺度物质科学国家实验室在实现 10 个光子纠缠操纵的基础上,研制出能够用于波色采样的光量子计算机原型机(*Nature Photonics*,2017 年第 11 期第 361-365 页)。2016 年,普林斯顿大学基于硅/硅锗异质结构实现 9 个半导体量子点一维链状量子芯片的测试与操控(*Physics Review Applied*,2016 年第 6 期第 54013 页)。目前,半导体量子芯片的关键问题是提高量子比特的质量,绝大多数半导体量子计算研究组依然停留在 2～4 个量子点的小规模量子芯片的物理实验研究上(*Science*,2018 年 359 期第 439-442 页;*Nature*,2018 年第 555 期第

633-637 页),其单比特逻辑门操作的保真度也能超过 99%,因为半导体量子比特的尺寸仅为百纳米级,与十至百微米级的其他量子比特体系相比,半导体量子计算更具集成潜力。近两年,在微软(Microsoft)公司的支持下,哥本哈根大学的研究团队在基于 Majorana 费米子的拓扑量子计算研究上获得了很多进展(*Nature Nanotechnology*,2018 年第 13 期第 915 页;arXiv:1809.5513 等)。目前,我们尚不能得出哪种方案更适合实用化量子计算机的结论,最终选择仍有待各项技术的进一步发展。

基于超导量子芯片的方案是目前能够实现的集成度最高的量子计算方案。我国将围绕超导量子芯片方案集中力量攻克超导量子芯片的结构设计、制备工艺、操控技术,并利用超导量子处理器搭建专用量子计算机,以及尝试开发具有军事应用价值的算法。

2.2.4.2　量子芯片立体封装

超导量子芯片依然使用半导体晶圆(主要是高纯硅基片或蓝宝石基片)作为载体,所以其大部分加工工艺都可以在传统的半导体加工工艺中找到借鉴。为了解决量子芯片集成度提升时带来的诸多负面影响,我们同样可以借鉴传统半导体领域的技术来寻求解决方案。其中,量子芯片封装技术是在量子芯片集成度大幅增加时维持量子芯片性能参数的关键技术之一。量子芯片封装除了提供机械保护以外,还具有以下两项重要功能。

首先是辅助散热,工作在极低温环境下的超导量子芯片只有与制冷源保持良好的热接触,才能够被降温至 $10\sim30$ mK。同时,热接触也能迅速带走量子芯片在运行时产生的瞬间发热量,因此超导量子芯片的封装装置的主要材料是极低温下热导率最大的紫铜。

其次是实现量子芯片的电极到量子芯片外围电路间的良好接触。大多数现有超导量子芯片封装还在使用引线键合绑定方法,用直径 $30\ \mu\mathrm{m}$ 左右的铝线将量子芯片中的电极连接至量子芯片外围的电路板上。这种方法在后期的弊端越来越明显:① 引线键合会引入 1 nH/mm 左右的电感,量子比特调制脉冲在经过附带高额电感的引线键合金属线后会因阻抗不匹配而产生明显变形,大幅降低量子逻辑门的操作质量;② 随着量子芯片集成度增加,引线键合金属线间的互感串扰也会越来越大,严重影响量子比特的操控质量;③ 引线键合要求量子芯片上方预留大量的空间,产生的空间驻波模式频率往往分布在超导量子芯片工作频段(4~8 GHz 典型频段),从而通过 Purcell 效应限制量子比特的相干时间。因此,我们亟须找到更好的封装技术,在保障量子芯片到外围电路接触点的阻抗匹配的同时,抑制线路间的串扰,压缩量子芯片的封装冗余空间,消除驻波模式。

目前,国内外多个研究团队开始引入传统半导体芯片的 TSV、Flip-chip、BGA 等封装技术。相应地,量子芯片设计也从原来的单层平面结构逐渐过渡为多层三维结构,因而这一类封装技术被称为量子芯片的立体封装技术。TSV 技术通过刻蚀出纵向通道,将芯片上的电极从芯片背面引出；Flip-chip 技术通过芯片的纵向堆积，或者芯片与 PCB(进程控制块)的堆积，实现将量子芯片的电极直接从另一块芯片或者 PCB 上引出；BGA 是指焊球整理封装，即在量子芯片外围电路上制作阵列焊球，并扣在量子芯片的电极上。在立体封装技术方面的研究中，具有代表性的攻关机构包括谷歌公司(*Quantum Science Technology*，2018 年第 3 期第 14005 页)、IBM(*Quantum Science Technology*，2017 年第 3 期第 24007 页)、Rigetti 公司(arXiv：1708.2226；arXiv：1708.2219)、麻省理工学院(*npj Quantum Information*，2017 年第 3 期第 42 页)和南京大学(*Applied Physics Letters*，2017 年第 110 期第 232602 页)等。清华大学也申请了一种超导量子芯片立体封装的发明专利(CN 107564868A)。量子芯片的立体封装技术起到的作用包括：① 大幅缩短了量子芯片核心区域到外围电路间的线路(尤其是接触点)的长度，改善了线路尤其是接触点的阻抗匹配；② 将量子芯片核心区域与量子芯片外围线路隔开，抑制外围线路对量子比特的额外影响和线路间的串扰，大幅提高量子芯片的相干时间和操控效率；③ 通过密集的多层芯片/PCB 堆叠，消除量子芯片周围的冗余空间，从源头上消除量子芯片封装装置内部可能存在的驻波干扰。

此外，超导量子芯片对环境电磁噪声特别敏感。部分研究团队在量子芯片封装装置中引入两类关键材料：Eccosorb 与 Cryoperm(*Applied Physics Letters*，2011 年第 99 期第 113507 页；*Applied Physics Letters*，2011 年第 99 期第 181906 页；*Superconductor Science Technology*，2016 年第 29 期第 104002 页)。Eccosorb 是一种对 1～20 GHz 红外辐射吸收能力最好的低温吸波材料，Cryoperm 是目前世界上最好的磁屏蔽材料。但是这两类材料完全依赖进口，一旦被限制就会严重制约我国量子计算技术的发展。我们必须尽快寻找到替代材料并研发相关生产工艺，从而填补国内的研究空白并化解潜在的技术封锁风险。

目前，我国在量子芯片的立体封装技术方面的研究较晚，已有封装技术的集成度也有限，而国际上 IBM、谷歌公司等已经研制出适用于 50～72 位量子芯片的立体封装技术。当前阶段，量子芯片的最大性能(相干时间、集成度)在很大程度上依赖于量子芯片的封装技术。我们必须加大研发力度，早日开发出能实现顶尖性能的量子芯片封装技术。同理，在研发超导量子芯片的同时，我们也要研发对应的多通道的量子芯片立体封装技术与装置，并进一步优化其性能。

2.2.4.3　约瑟夫森量子参量放大器

为了实现基于 Single Shot Readout(单次读出)的量子反馈与量子实时纠错，约瑟夫森量子参量放大器(JPA)是必不可少的最前级放大器。典型的 JPA 在超导量子芯片工作频段的噪声温度仅为 300 mK 左右，达到同频段量子真空涨落的极限水平，而目前已知性能最好的同工作频段商用放大器(瑞典 Low Noise Factory 生产的 LNF-LNC4_8C)的噪声温度至少为 2.3 K。JPA 使得我们对微弱微波信号的探测能力提高了近十倍。目前国际上对 JPA 的研究已趋近成熟。从早期的窄带宽 JPA(UC Berkeley, *Physics Review B*,2011 年第 83 期第 134501 页;UCSB, *Applied Physics Letters*,2013 年第 103 页第 122602 页)到后续的阻抗匹配参量放大器 IMPA(UCSB, *Applied Physics Letters*,2014 年第 104 期第 263513 页;TIFR, *Applied Physics Letters*,2015 年第 107 期第 262601 页),再到约瑟夫森行波放大器 TWPA(UC Berkeley, *Science*,2015 年第 350 期第 307-310 页),JPA 的增益带宽越来越大。然而,JPA 核心的设计方法、加工技术等都牢牢掌握在国外的研究团队手中。尤其是加州大学伯克利分校(UC Berkeley)研制的 TWPA,能够在 6 GHz 下达到 3 dB 的增益带宽以及高达 20 dB 的平坦增益的同时,附带仅仅 2 个光子的噪声,是世界上最好的 JPA。近年来,中国科学院物理研究所、中国科学院量子信息重点实验室、清华大学、南京大学等均开展了 JPA 研制,但国内目前最多只能做到超过 100 MHz 的增益带宽。实用化的量子计算机要求我们能够同时对多个量子比特实施读取操作,这使我们对 JPA 的增益带宽要求越来越高。因此,在研发超导量子芯片的同时,还要研制宽增益带宽的 JPA,以满足量子芯片的研发需求。

2.2.5　量子芯片硬件测控系统

　　超导量子芯片的操控信号与读取信号需要搭建专用量子芯片硬件测控系统来实现。早期,往往使用商用微波源、AWG、高速数据采集卡等搭建量子芯片硬件测控系统,但随着量子芯片的集成度提高,对量子芯片硬件测控系统的要求也越来越高,商用仪器成本高、功能冗余、兼容性差、难以集成,并不能满足未来量子计算机的发展需要。因此,为了研制一台专用的量子计算机原型机,我们必须研制出一套专用的量子芯片硬件测控系统,它能满足量子芯片所需信号的生成、采集、控制、处理的基本要求(DC 信号、AWG 信号、RF 调制信号),具有高集成度和可扩展性,具备系统级同步输入输出能力,具备量子芯片信息实时处理能力,并能更好地与量子芯片及量子软件对接。目前,量子芯片硬件测控系统的研究刚刚起步。2016 年,苏黎世仪器公司与代尔夫特理工大学的研究团队成立的 QuTech 公司合作,研制出一套可用于 7 位超导量子芯片的集成量子芯片测控系统,包含最高可扩展至 64 通道的 AWG 和同步的高速 ADC 采集通道。2017 年底,是德科技公司自主研发出一套 100 通道的量子芯片测控系统,具备百皮秒(ps)级系统同步性能与百纳秒(ns)级量子芯片信号实时处理能力,最高可用于 20 位超导量子芯片满载运行。2018 年,本源量子也研制出 40 通道的量子芯片测控系统,可以应用于 8 位超导量子芯片或 2 位半导体量子芯片,这是国内第一套完整的量子芯片硬件测控系统。除此之外,UCSB(*Applied Physics Letters*,2012 年第 101 期第 182601 页)、苏黎世联邦理工学院(arXiv:1709.1030)、中国科学技术大学合肥微尺度物质科学国家实验室(arXiv:1806.3767;arXiv:1806.2645;arXiv:1806.3660;arXiv:1806.4021)、Raytheon BBN Technologies 公司(*Review of Scientific Instruments*,2017 年第 88 期第 104703 页)等都有自主研发的量子芯片硬件测控系统或模块。为了降低功耗、提高信号质量,代尔夫特理工大学(*IEEE Transaction on Circuits and Systems I*,2016 年第 63 期第 1854 页;*Review of Scientific Instruments*,2017 年第 88 期第 45103 页)和悉尼大学(*Review of Scientific Instruments*,2016 年第 87 期第 14701 页)的研究团队进行了 4 K~100 mK 极低温量子芯片硬件测控系统的研究。

2.2.6　量子算法演示

近年来,大量量子算法在超导量子芯片上得以实现、改进、定制。2012 年,加州大学圣巴巴拉分校(UCSB)的研究团队用 4 量子比特超导量子芯片成功运行了 Shor 算法(*Nature Physics*,2012 年第 8 期第 719-723 页),对 15 进行质因数分解。2017 年,中国科学技术大学合肥微尺度物质科学国家实验室的研究团队在 10 量子比特超导量子芯片上实现了 HHL 算法,对一个 2×2 线性方程组求解(*Physics Review Letters*,2017 年第 118 期第 210504 页);同时该团队还首次实现了 10 个超导量子比特的一步纠缠操控(*Physics Review Letters*,2017 年第 119 期第 180511 页)。同年,IBM 的研究团队用包含 7 个超导量子比特的量子芯片实现了 VQE 算法,分别求解了 H_2、LiH、BeH_2 的基态能量,三种分子用到的量子比特数目分别为 2、4、6 个(*Nature*,2017 年第 549 期第 242-246 页)。2017 年,Rigetti 公司使用 19 位超导量子芯片执行了量子近似优化算法,解决了一个 MaxCut 问题(arXiv:1712.05771)。

由于目前主流的超导量子芯片采用最近邻相互作用的 Surface Code 框架(*Physics Review A*,2012 年第 86 期第 32324 页),很多理想量子算法必须借助实际量子线路并加以改造才能实现,这无疑增加了量子算法的设计难度与耗时。除此以外,很多的量子算法必须依赖大量的逻辑量子比特才能实现,目前最高的是谷歌公司的 72 位非理想的物理量子比特。如何利用有限相干时间、有限数量、受限的连接方式的量子芯片实现具有"量子优势"的算法演示(*Quantum*,2018 年第 2 期第 79 页),也是重大的难点之一。

2.2.7 量子计算机微结构体系

目前,量子算法的实现方法是将逻辑门操作序列转化为待生成的波形序列,再在量子芯片硬件测控系统上实现。当量子比特数目增加时,所要设计的波形序列的长度与复杂度呈指数级提升,严重浪费研发精力与时间。2017 年,代尔夫特理工大学的科研人员在一套基于现场可编程门阵列(FPGA)的超导量子芯片硬件测控系统基础上引入量子微结构(QuMA),实现了基于超导体系的单比特量子逻辑门实时"硬解码"(arXiv:1708.7677)。2018 年,他们进一步提出改进的 eQASM 结构,实现了量子算法完整实时"硬解码"并支持量子反馈操作(arXiv:1808.2449)。

因此,更优的选项是研发一套可以在量子芯片硬件测控系统上实现的量子计算机机器汇编语言,实现量子软件体系、量子芯片硬件测控系统、量子芯片的无障碍互连,并在该框架基础上搭建一套专用量子计算机原型机。用户可以不需要了解量子芯片硬件测控系统和量子芯片的工作原理,就能直接在基于量子软件体系的量子编译器上完成量子编程并在量子芯片中运行量子程序,不用在设计和生成复杂的脉冲序列上浪费时间。

2.2.8 代表性技术

量子计算包含量子处理器、量子编码、量子算法、量子软件,以及外围保障和上层应用等多个环节。其中,量子处理器的物理比特实现仍是量子计算研究的核心瓶颈。目前,用于制备和操控量子比特、实现量子计算的国际主流(产业化)技术路线(即物理体系)共有 5 种,分别为超导、半导体量子点、离子阱、光学、量子拓扑,各领域研究皆取得了一定进展,但仍未实现技术体系收敛(表 2.1)。

表 2.1 **量子计算的国际主流(产业化)技术体系**

品质因数	技　术　体　系				
	超导	半导体量子点	离子阱	光学	量子拓扑
比特操作方式	全电	全电	全光	全光	NA
量子比特数	50 +	4	70 +	48	从 0 到 1 的过程中

品质因数		技 术 体 系				
		超导	半导体量子点	离子阱	光学	量子拓扑
相干时间		约 50 μs	约 100 μs	>1000 s	约 10 μs	受拓扑保护,理论上可以无限长
两比特门保真度		99.4%	92%	99.9%	97%	理论上可以到100%
两比特门操作时间		约 50 ns	约 100 ns	约 10 μs	NA	NA
可实现门数		约 103	约 103	约 108	NA	NA
主频		约 20 MHz	约 10 MHz	约 100 kHz	NA	NA
业界支持(列举典型、非完全)	国外	谷歌公司、IBM、英特尔公司	英特尔公司、普林斯顿大学、代尔夫特理工大学	IonQ 公司、美国国家标准与技术研究院、桑迪亚国家实验室	Xanadu 公司、麻省理工学院	微软公司、代尔夫特理工大学
	国内	本源量子、中国科学技术大学、北京量子信息科学研究院	本源量子、中国科学技术大学	中国科学技术大学	中国科学技术大学	清华大学、北京大学、中国科学院物理研究所

资料来源:华为公司及其他网上信息,截止时间为 2020 年 5 月。

2.3 产业发展趋势

当前,各国在量子科技的研发方面激烈角力,美国、欧盟和日本等发达国家和地区纷纷将量子技术视为未来科技发展的战略制高点,不断加大研发投入、设立专项基金和组建研究中心,大力支持量子科技的实验研究。

以谷歌公司、IBM、微软公司、英特尔公司、百度公司、华为公司、阿里巴巴集团等为代表的科技巨头在量子计算领域持续加大投入,纷纷成立量子计算实验室,同时还涌现了 Rigetti、IonQ、Xanadu、本源量子、国仪量子等众多的量子计算初创公司。此外,上述公司还不断尝试校企合作模式,与国内外知名高校深度合作,进一步推动量子计算的技术创新和成果转化。例如,2015 年 9 月,英特尔公司宣布资助荷兰代尔夫特理工大学开展硅基量子计算研究;2018 年 11 月,谷歌公司宣布与英国伦敦大学建立量子计算合作伙伴关系;2019 年 9 月,谷歌公司与 UCSB 联合宣布首次实现"量子霸权";2019 年 12 月,IBM 宣布与日本东京大学达成合作协议,共同推动量子计算的实用化发展;等等。

2.3.1 发展方向

2.3.1.1 专用量子计算机

面向人工智能、生物医药、航天航空与大数据等特定行业领域的发展需求,开展专用量子计算机的研究工作,开发可解决大规模数据优化处理和特定计算困难问题(NP)的专用量子算法、行业领域的解决方案和"杀手级应用",推动量子计算机的物理实现和量子仿真应用。

2.3.1.2 量子计算云服务

全面推广量子计算云服务的三类服务模式:量子基础设施服务(q-IaaS),提供量子计算云服务器、量子模拟器和真实量子处理器等计算与存储类基础资源;量子计算平台服务(q-PaaS),提供量子模拟、量子优化和量子人工智能等重点方向的软件开发平台,包括量子门电路、量子汇编、量子开发套件、量子算法库、量子加速引擎等;量子应用软件服务(q-SaaS),根据具体行业的应用场景和需求,设计专用算法,定制解决方案与应用服务。重点研发并设计异质学习(HHL)、量子主成分分析(qPCA)、量子支持向量机(qSVM)和量子深度学习等量子机器学习算法,提供量子加速版本的人工智能应用服务。

2.3.2 技术发展趋势

量子计算机的研发并不仅仅指量子芯片的研发,还需要量子计算硬件技术与软件技术的全面突破。其中,量子芯片是量子计算机的核心,关键的运算加速过程在量子芯片中实现。但是,量子芯片在运行时需要将问题转化为量子算法,进而转化为特殊的调制脉冲信号的组合并输入量子芯片,最后对量子芯片输出的信号加以采集分析,才能获得问题的结果。除了量子芯片自身性能足够好之外,还需要特殊的量子计算硬件系统,用于实现量子芯片所需信号的生成、采集、控制与处理,以及将问题一步步转化为量子芯片所需信号的量子计算软件系统。

量子计算硬件系统主要由五个方面构成:量子芯片封装技术、量子功能芯片、量子芯片测试平台、量子测控元件和量子计算测控一体机。

量子芯片封装技术是在量子芯片集成度大幅增加时维持量子芯片性能的关键技术之一。现有封装技术大多数通过金属引线键合技术将量子芯片中的电极连接至粘贴在量子芯片背部的电路板上,再使用封闭式金属盒进行封装。量子芯片封装在实现信号引入引出的同时,提供了一定程度的噪声屏蔽保护。但随着量子芯片的集成度不断增加、量子芯片的尺寸日益增大,现有封装的性能日益降低,具体表现在环境噪声抑制效果差、信号串扰恶化和电极接触质量降低三个方面,我们迫切需要改进量子芯片封装技术。由于量子芯片和传统半导体芯片之间的相似性,目前国际上多个团队开始在研究中引入传统半导体芯片的封装技术,尤其是 TSV 技术和 Flip-chip 技术。代表性的攻关机构包括谷歌公司、IBM、麻省理工学院和南京大学等。TSV 技术通过在芯片上刻蚀出纵向通道,将芯片上的电极从芯片背面引出;Flip-chip 技术通过芯片的纵向堆积,或者芯片与 PCB 的堆积,实现将量子芯片的电极直接从另一块芯片或 PCB 上引出。这两种技术的结合使用可以大幅降低量子芯片封装的尺寸,提高封装的集成度,同时大幅缩减量子芯片布线的长度,改善量子芯片的电极接触。目前,本源量子已成功研制出应用于量子芯片封装的 Flip-chip 技术以及相关封装产品(图 2.4),其性能达到国际水平,并申请了相关的发明专利,正在开展 TSV 技术的自主研发。为了抑制环境噪声,特别是红外辐射噪声和磁场噪声,需要在量子芯片封装中额外引入两类关键材料:吸波材料与低温磁屏蔽软磁合金。此外,我们已研发出的封装产品在集成度上依然落后,英特尔公司已经研制出适用于 108 通道的量子芯片封装技术。可以说,量子芯片的最大性能完全受制于量子芯片封装技术的水平及其提供的通道数。我们必须加大研发力度,缩小国际差距,早日实现顶尖性能的量子芯片封装技术。

在量子功能芯片方面,目前应用在量子计算中的主要有 JPA 和约瑟夫森量子单光子源两种。前者在量子计算中尤为重要。JPA 利用约瑟夫森结的高度非线性来增强器件中的多模非线性混频效应,从而实现高性能增益。JPA 最大的优势在于其极低的噪声系数,理想的 JPA 能够实现对单光子信号的无损放大,且仅附带一个甚至半个光子的量子真空涨落噪声。目前,我们所知的性能最好的商用放大器(瑞典 Low Noise Factory 生产的 LNF-LNC4_8C)附带至少 20 个光子的噪声。由此可见,JPA 能够将我们对量子芯片中信号的探测能力提高至少 20 倍。在量子计算中,量子芯片的运行结果将通过芯片上附带的微波探测器转化为单光子信号并传输出来,如果没有 JPA,那么我们将无法获得量子芯片的真实运行结果,就只能通过大量的重复测试来获得统计结论。

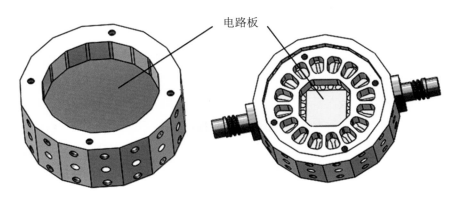

图 2.4　本源量子自主研发的 16 通道量子芯片多层屏蔽封装装置的局部示意图

目前,国际上对 JPA 的研究已趋近成熟。从早期的窄带宽 JPA(UC, *Physics Review B*,2011 年第 83 期第 134501 页;UCSB, *Applied Physics Letters*,2013 年第 103 期第 122602 页)到后来的阻抗匹配参量放大器 IMPA(UCSB, *Applied Physics Letters*,2014 年第 104 期第 263513 页;代尔夫特理工大学, *Applied Physics Letters*,2015 年第 107 期第 262601 页),再到约瑟夫森行波放大器 TWPA(UC Berkeley, *Science*,2015 年第 350 期第 307-310 页),目前 JPA 技术被牢牢掌握在国外的研究团队手中。尤其是 UC Berkeley 研制的 TWPA,它能够在达到 6 GHz 的 3 dB 增益带宽和 20 dB 平坦增益的同时,附带仅仅 2 个光子的噪声,是在研性能最好的 JPA(图 2.5)。目前,国内尚没有单位能够研制出与其性能相当的 JPA,可以说,在这一关键技术上我们完全受制于人,必须加紧研发,迎头赶上。

量子芯片测试平台主要由极低温稀释制冷机及其配套设施构成。量子芯片的稳态运行依赖于与环境(包含接近绝对零度的极低温环境、红外辐射噪声屏蔽、磁场噪声屏蔽、极低的机械振动等)的高度隔离,同时还需要高效率的导热组件,以便将量子芯片运行时产生的热量及时带走,避免由各类扰动引起的量子态破坏。稀释制冷机需要进口,目前被国外的牛津仪器公司、Blufors 公司等垄断。除此之外,我们需要对稀释制冷机进行深度改造,优化其内部线路,尤其是极低温线路,以改善传输给量子芯片的信号质量。目前,量子芯片信号传输主要依赖于特殊规格的不锈钢同轴电缆和超导 NbTi 电缆,这两种电缆目前只有两家供应商,日本的 Coax 公司和 Microcoax 公司。定制这两种电缆需要使用大量预算,同时还必须考虑可能存在的禁运风险。

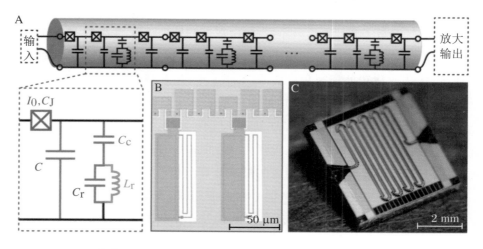

图 2.5　UC Berkeley 研制的 TWPA 结构图

量子测控元件,尤其是极低温量子测控元件,主要由高性能的滤波器、环形器、信号耦合器、极低温放大器等构成,是提高量子芯片信号质量的关键。这些器件不仅要有极小的损耗、极低的电压驻波比、良好的低温导热性,还需要使用能在毫开尔文级极低温环境下工作的高稳定性材料,同时必须确保量子测控元件不会产生额外的电磁噪声。目前,极低温量子测控元件主要由量子计算团队自行研发,也有少量的商用极低温元件供应商。受限于国内的市场环境、研发水平和原材料供应,大部分极低温量子测控元件的研制离不开国外供应商。比如,Quinstar 公司的极低温环形器是用于抑制环境噪声回流至量子芯片的关键器件,目前全球的低温环形器市场几乎被该公司垄断。虽然本源量子已经自主研发了多种极低温滤波器与信号耦合器,如 10 kHz 的极低温稳压电路,但是依然处于相对弱势地位。我们要加大该方面的投入,联合国内的低温物理科研团队共同研发高性能量子测控元件,打破国外的技术垄断。

量子计算测控一体机正处于发展起步阶段,目前国际上尚无成熟的产品问世,但它是未来量子计算机中不可或缺的关键硬件设备。量子芯片在运行时需要将问题首先转化为量子算法,然后转化为特殊的调制脉冲信号的组合并输入量子芯片,最后对量子芯片输出的信号加以采集分析,以获得问题的结果。问题转化为量子算法的过程由量子计算软件系统完成,除此之外,量子芯片所需的一切信号的生成、采集、控制与处理,均要借助量子计算测控一体机来实现。换句话说,我们需要一套量子计算测控一体机来实现对量子芯片的编程。现有关于量子计算的研究中,绝大多数研究团队使用由商用仪器设备、计算机控制系统等搭建的平台来完成量子芯片测试。它不具有可集成性、功能冗余、成本高昂、部件之间的性能差异巨大、控制复杂,难以满足未来量子芯片的进一步发展需要。2016年,代尔夫特理工大学的Dicarlo教授团队已经开始相关研究,他们与苏黎世仪器公司合作,针对量子芯片对信号质量、接口数量和处理流程的需求,研发出一套量子芯片测试系统。该系统具有较高的集成度,能够在一定程度上满足量子芯片对部分关键信号的质量、接口数量和处理流程的需求。2017年,是德科技公司与麻省理工学院的Oliver教授团队合作,研发出120通道的集成量子芯片测试系统,系统在集成度与整体性能上较商用仪器进一步提高。2018年9月,是德科技公司进一步改进了该套量子芯片测试系统,使其整体具备更高的性能、更强大的量子芯片编程能力。2018年9月,本源量子历时10个月自主研发出一套20通道的量子计算测控一体机原型机(图2.6),该设备已在中国科学院量子信息重点实验室的平台中使用,用于测试最高6位量子芯片。目前,我们与国际顶尖水平之间仍有一定的差距,但是相比其他量子计算技术,量子计算测控一体机是量子计算硬件系统中,我国最有希望率先实现突破并达到国际顶尖水平的量子计算技术。为了我国未来量子计算机的研发,我们必须加大该方面的投入,尽快获得通道数更多、性能更优异的量子计算测控一体机,从而促进我国量子计算事业的发展。

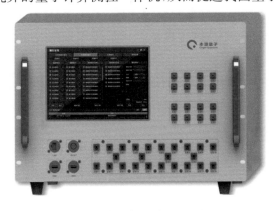

图2.6　本源量子自主研发的20通道量子计算测控一体机原型机

量子计算软件系统主要包括四个方面:量子计算机操作系统、量子语言编译器、量子应用软件和量子计算机集成开发环境。

(1) 量子计算机操作系统是运行于量子计算机的核心软件环境,可以类比经典计算机中的操作系统。量子计算机操作系统既需要给用户提供量子程序的编程和操作界面,又需要对接硬件,将程序转换为硬件所需的指令信号,包括指令翻译、指令执行、数据读写等操作。量子计算机操作系统是量子计算机的基础运行系统,本源量子在pyQPanda研发过程中,建立了量子计算机操作系统的雏形,支持基本的量子计算指令执行、数据读写和处理功能。但是,我们现在的操作系统研发仍然建立在国外操作系统的框架上,我们需要制定自己的量子操作系统标准,以防受到限制。

（2）量子语言编译器能将量子计算专用编程语言翻译为量子机器码，从而在量子计算机上执行。量子语言与经典语言的主要不同在于需要考虑量子计算机的独特运行规律。例如，量子比特不可复制，量子计算机高度并行，严格的时序，等等（图 2.7）。在经典计算机领域，所有的主流程序语言市场都被国外占据，包括所有语言标准的制定，我国几乎是没有发言权的。本源量子已推出 QRunes 语言，制定了自己的标准，并申请了专利。然而，在设计较高级的编程语言与编译器时，我们仍要使用国外的技术，如 LLVM、Yacc/Lex 或 Antlr 等。我们亟须在量子语言相关领域展开研究，替代这些技术。

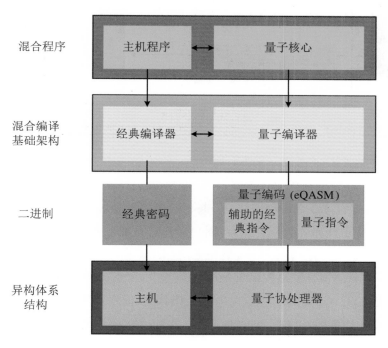

图 2.7　量子计算机编译器框架图

（3）量子应用软件是量子计算机应用于具体领域的软件技术与产品。其包含两个主要方向：量子计算化学软件和量子人工智能软件。目前，在量子计算化学软件方面（图 2.8），谷歌公司推出 OpenFermion 工具，可以支持对任意分子构型的输入产生模拟该分子的量子程序；在量子人工智能软件方面，IBM 等推出了量子支持向量机，Artiste-QB 公司推出 Quantum-Fog、Quantum-Edward 等系统，支持不同场景下的量子机器学习模型。本源量子目前自主研发了 pyQPanda 系统，其支持基本的化学模拟与机器学习算法，但是在化学基础软件方面，还需要利用化学行业软件，如 Psi4 或 pySCF 等；在机器学习方面，还需要利用 Tensorflow 等软件。本源量子正在针对这些软件开展研发，旨在消除这些软件在 pyQPanda 系统中的必要性。

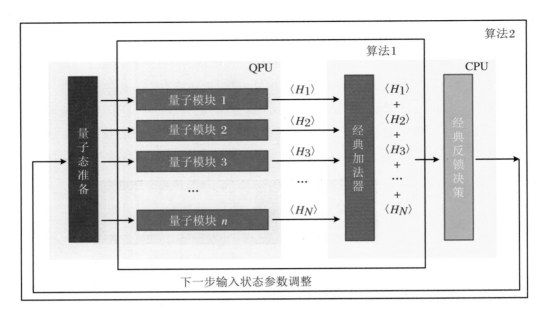

图 2.8　量子计算化学典型算法:VQE 算法架构图

　　(4) 量子计算机集成开发环境涉及与量子计算机运行相关的底层驱动、执行系统等"运行时"系统,量子计算机的开发界面,用户接口等方面的集成。国外数家公司和研究机构在这个领域进展迅速,其中 IBM 最先推出 qiskit VSCode 开发环境,可支持 QASM 的运行;其后,微软公司开发出 Visual Studio 版 Q♯,可支持量子纠错码;近来,代尔夫特理工大学研究了 eQASM 指令系统,优化了量子计算机时序,并通过引入 VLIW(超长指令码字)来增加量子计算指令的并行性。本源量子也连续开发出 pyQPanda 与 pyQPanda 2 两代系统,在量子计算机集成开发方面获得大量知识产权与技术积累。但是,开发环境必须基于 Eclipse、VSCode、Visual Studio 等国外软件进行集成,我们需要开发出属于自己的量子集成开发环境。

第 3 章

量子计算技术专利总览

本章全面分析量子计算领域的专利情况,重点研究量子计算的专利申请态势、申请来源分布、主要申请人、法律状态等。通过对专利概况的分析整理来帮助相关领域人员在一定程度上了解量子计算的专利整体分布,并进一步掌握分支领域的发展变化和研发重点。

3.1 全球专利分析

3.1.1 专利申请态势

量子计算领域从 1991 年开始有相关专利诞生,1991—2000 年初专利申请量的增速较为平缓,第一个专利申请高峰出现在 2003 年,这一年整个行业申请了 302 件专利。之后三年稍有下降。此后 10 余年间,该领域的专利申请数量大幅增长(图 3.1)。

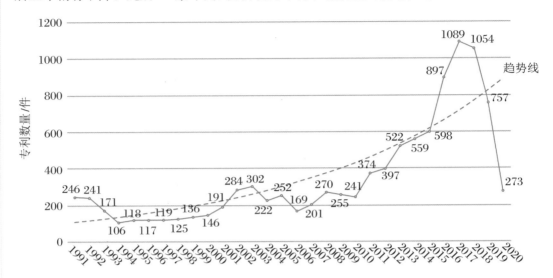

图 3.1　量子计算全球专利申请态势

　　量子计算领域的专利申请最高峰出现在 2017 年,这一年整个行业申请了 1089 件专利。2006—2017 年呈稳步增长态势,这说明该领域的研发投入总体保持稳定的增长。由于专利申请的滞后性,2018—2020 年的专利申请量呈下跌态势,专利公开态势能从另外一个角度反映量子计算技术的发展状况(图 3.2)。

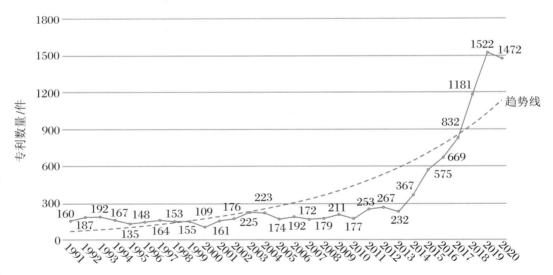

图 3.2　量子计算全球专利公开态势

量子计算领域的专利公开数量从 2012 年开始稳步增长,尤其是在 2016—2018 年有明显的稳定增长,这与那几年各国量子计算发展计划不断出台、全球商业巨头纷纷投身量子计算行业有关。例如,2013 年,日本文部科学省成立量子信息和通信研究促进会以及量子科学技术研究开发机构,十年内投资 400 亿日元支持量子通信和量子信息领域发展。2014 年,英国设立"国家量子技术计划",投资 2.7 亿英镑建立量子通信、传感、成像和计算四大研发中心,开展学术与应用研究。2018 年,欧盟推出"量子技术旗舰计划",十年内投资 10 亿欧元,首批启动 20 个研究项目。近十年来,美国以每年约 2 亿美元的投入力度持续支持量子信息领域的研究项目。2019 年 6 月,美国推出《国家量子行动计划》法案,于首个阶段(2019—2023 年)在原有基础上每年新增 2.55 亿美元(共计 12.75 亿美元)投资,加快量子领域的研发与应用。十年来,我国对量子信息领域的基础项目和前沿项目的研究进行了大量布局和投入,先后启动自然科学基金、"863"计划、"973"计划和中国科学院战略先导专项等国家级科技项目,并从 2016 年起设立国家重点研发计划——"量子调控与量子信息"重点专项,支持量子信息重点技术领域研究。

3.1.2　主要申请人分析

图 3.3 所示为量子计算全球主要申请人排名,其中排名靠前的主要为美国公司,如 IBM、英特尔公司、谷歌公司。这些企业一直在新领域积极布局,延续自己的优势。同时,

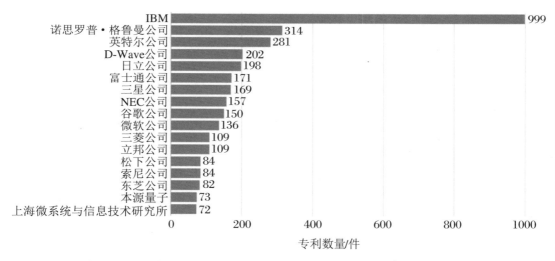

图 3.3　量子计算全球主要申请人专利申请量排名

日本、韩国也有相关企业在此领域布局专利。值得一提的是,中国企业在量子计算领域的专利布局也取得了一定成果,涌现出一些代表性机构,如本源量子、中国科学院上海微系统与信息技术研究所等。

3.1.3 专利来源分布

由图 3.4 可知,中国、美国、日本、韩国等国都已经开始了量子计算技术领域的专利布局。美国于 2018 年发布《量子信息科学国家战略纲要概述》,宣布投资 2.18 亿美元奖励量子信息科学领域的研究;欧盟于 2018 年正式启动"量子技术旗舰计划",十年内投入 10 亿欧元;德国于 2018 年发布"联邦量子技术计划",一期投入 6.5 亿欧元;日本也启动了量子人才培养项目。结合图 3.1 可以进一步看到,全球多个国家已经认识到量子科技对于新一轮科技革命和产业发展的重要性,纷纷进行专利申请布局。另外,由图 3.5 可知,量子计算领域的专利申请主要集中在美国、日本和中国。该领域的主要申请人集中在美国,而我国以科研机构为主,企业数量较少。同时,美国、日本、中国作为全球最大的潜在量子计算市场,拥有庞大的市场规模和数量可观的用户。量子计算作为耗资较大、技术成本较高的领域,需要在市场规模大的地方才能获得更好的发展。

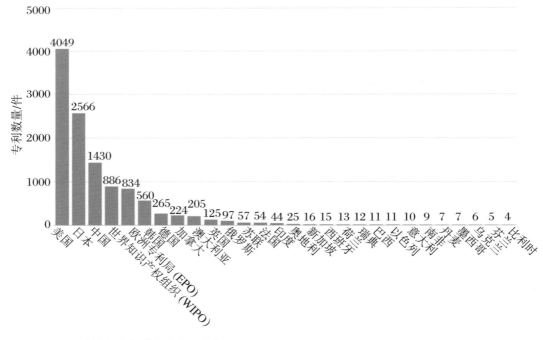

图 3.4 量子计算全球专利申请来源分布

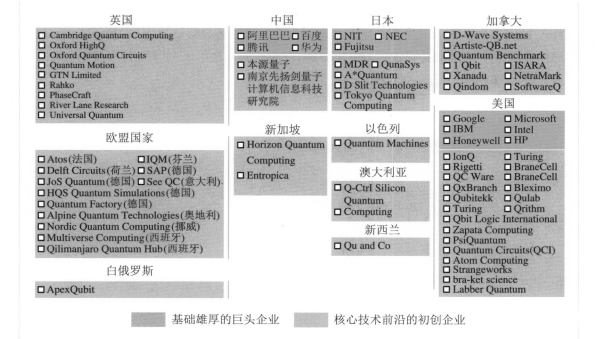

图 3.5　量子计算全球企业分布

3.1.4　技术分类构成

由图 3.6 可知,分类号 B82Y10、G06N99、H01L29、H01L21、H01L39 对应的专利申请量最多。各分类号的含义如下:

（1）B82Y10:用于信息加工、存储或传输的纳米技术,如量子计算或单电子逻辑。

（2）G06N99:G06N 小类为其他各组中不包括的技术主题。

（3）H01L29:专门适用于整流、放大、振荡或切换电路,并具有至少一个电位跃变势垒或表面势垒的半导体器件;具有至少一个电位跃变势垒或表面势垒,如 PN 结耗尽层或载流子集结层的电容器或电阻器;半导体本体及其电极的零部件(H01L31/00 至 H01L47/00,H01L51/05 优先;除半导体及其电极之外的零部件入 H01L23/00;由在一个共用衬底内或其上形成的多个固态组件组成的器件入 H01L27/00)。

（4）H01L21:专门适用于制造或处理半导体或固体器件及其部件的方法或设备。

（5）H01L39:应用超导电性的器件或高导电性的器件,专门适用于制造及处理这些器件及其部件的方法或设备(由在一个共用衬底内或其上形成的多个固态组件组成的器件入 H01L27/00;按陶瓷的形成工艺或陶瓷组合物性质区分的超导体入 C04B35/00;超导体或高导体、电缆或传输线入 H01B12/00;超导线圈或绕组入 H01F;利用超导电性的放大器入 H03F19/00)。

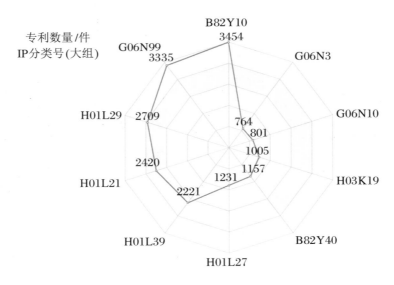

图 3.6　量子计算全球专利的技术分类

3.1.5　法律状态统计

　　从图 3.7 可以看出行业内有效专利和无效专利的占比情况。有效专利是指已经取得专利授权,并仍然维持权利有效的专利。无效专利是指因各种原因不能被授权的专利、权利失效的已经授权的专利和 PCT 有效期满的专利,这部分专利的所占比例越大,技术实施的自由度越高。在检索确定的全球专利文献中,有效专利共 5684 件,占专利总数的 37.45%。在审专利是指当前处于实质审查状态和公开状态的专利,这部分专利越多,就意味着该技术方向有越多的新技术在不断诞生,且该技术方向发展较快。由图 3.7 可知,在审专利为 3311 件,占专利总数的 21.82%,这说明量子计算仍有不小的发展空间。

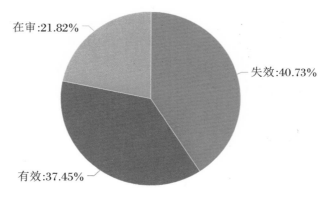

图 3.7　量子计算全球专利的法律状态统计

3.2　中国专利分析

3.2.1　专利申请态势

由图 3.8 可知,与全球专利申请态势相比,我国的量子计算技术专利申请起步较晚,

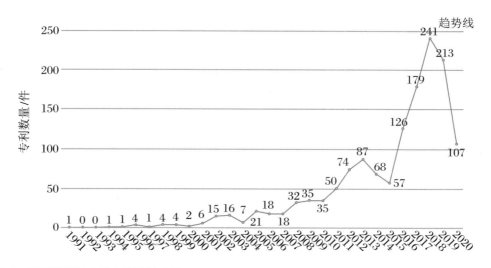

图 3.8　量子计算的中国专利申请态势

2000年以前的申请量微乎其微,2000年以后才出现增长,且2010年以前增速较缓,2010年以后量子计算领域的专利申请量稳步攀升,2018年达到峰值241件,专利技术创新快速发展,技术关注度空前提高。

3.2.2 主要申请人分析

由图3.9可知,IBM、英特尔公司、谷歌公司、耶鲁大学在我国也有较高的专利布局数量。与国外主要申请人不同的是,目前,量子计算在我国的主要申请人有一半以上是大学和科研院所,这与量子计算技术较为前沿、技术积累不够有关。另外,也可以看出我国目前对量子计算的投入较大,多个高校和研究院所都有相关的研究项目。当技术积累到一定程度时,必然能较好地完成成果转化。

需要说明的是,与国外知名企业在量子计算领域相关技术上已经进行了较长时间的技术积累相比,我国的本源量子、中国科学院上海微系统与信息技术研究所等虽然起步较晚,但近几年来却呈现出极强的专利申请增长势头。

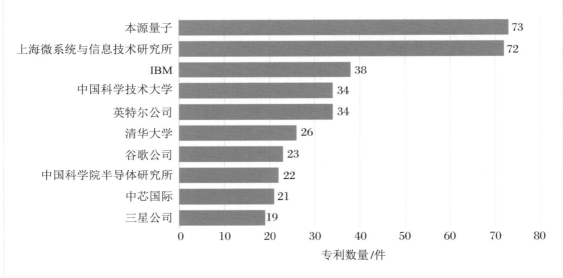

图3.9 量子计算国内主要申请人专利申请量排名

3.2.3 主要省(市)专利申请量排名

由图 3.10 可知,量子计算领域专利申请数量最多的是北京,共申请 220 件专利;其次是上海,共申请 170 件专利。这与研究机构的地域分布是直接相关的,该行业的新兴民营企业也主要集中在北京和上海。

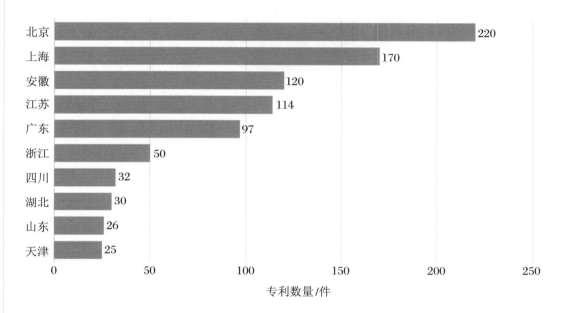

图 3.10 量子计算国内主要省(市)专利申请量排名

3.2.4 法律状态统计

由图 3.11 可知,目前在量子计算领域,中国的专利申请中,有效专利共 446 件,占专利总数的 31.19%;在审中状态的专利共 651 件,占专利总数的 45.52%;失效专利共 333 件,占专利总数的 23.29%。中国专利的申请法律状态分布与全球专利的申请法律状态分布略有差异,审中专利的分布比例较大,这和近几年中国专利申请量越来越大的表现一致。

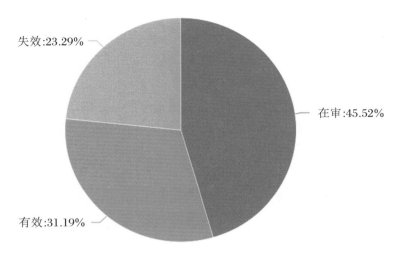

失效:23.29%

在审:45.52%

有效:31.19%

图3.11 量子计算中国专利的法律状态统计

本章小结

本章对量子计算领域全球范围内的专利进行了统计和分析,从申请态势、全球分布、专利类型等多个角度进行了描述和对比,通过这些数据我们可以得到以下结论:

(1)从量子计算领域专利的总体态势可以看出,与全球专利申请态势相比,我国量子计算技术专利申请的起步时间、稳步增长期较晚。

(2)国外在20世纪90年代至2000年初经历一段平缓增长期后,在2006—2017年经历大发展,专利申请量稳步增长;2000年以前我国在量子计算领域的专利申请量微乎其微,2000年以后才出现增长,且2010年以前增速较缓,2010年以后我国在量子计算领域的专利申请量稳步攀升。

(3)我国量子计算以科研机构为主导,尽管取得了一定成绩,但同美国政府、科研机构、产业和投资力量多方协同的局面相比,我国产研各方力量分散,科研体制较难适应量子计算领域快速变化的新情况。

总体来说,量子计算的技术门槛较高,研发难度较大,但未来的收益不可估量,是当前专利申请的活跃领域。

第4章

量子计算硬件专利分析

4.1　超导约瑟夫森结制备

4.1.1　技术概况

目前,芯片封装厂为了应用传统半导体加工工艺,通常采用半导体晶圆衬底,通过覆膜、曝光、显影、刻蚀、镀层等多种工艺在晶圆衬底上制备一系列集成电路。

因为超导量子芯片依然使用半导体晶圆(主要是高纯硅基片或蓝宝石基片)作为载体,在晶圆表面制备超导约瑟夫森结结构,所以其大部分加工工艺可以在传统半导体加工工艺中找到借鉴。为了解决量子芯片集成度提升时带来的诸多问题,同样可以借鉴传统半导体领域的技术来寻求解决方案。其中,量子芯片封装技术是在量子芯片集成度大幅增加时维持量子芯片性能参数的关键技术之一。超导约瑟夫森结的制备是超导量子芯片封装技术中的关键技术,因为超导约瑟夫森结的制备工艺效果直接决定了超导量子芯片的工作频率的稳定性。因此,制备稳定的超导约瑟夫森结,对于提高超导量子芯片封装工艺成品率和超导量子位芯片的有效"寿命"来说至关重要。

超导约瑟夫森结是在晶圆材料上加工出的由"超导体-绝缘体-超导体"组成的异质结构,借助超导约瑟夫森结的隧穿效应可实现非线性电感的作用,将超导约瑟夫森结与电容并联,可形成谐振结构,即超导量子位。一个超导量子芯片上可以包括若干个超导量子位,超导量子位数量越多,超导量子芯片的计算能力越强。

超导约瑟夫森结的具体制备过程为:

(1)选择合适的晶圆作为基底材料,对基底进行清洗,然后转移到装有异丙醇的容器中浸泡,再转移到装有去离子水的容器中浸泡,最后取出基片并用惰性气体吹干。

(2)使用电子束曝光设备在基片上曝光出相应区域。

(3)在拟定温度下显影,将装有显影液的容器放在液体中,监测显影液的温度,待显影液温度达到拟定的温度并稳定维持在该温度时,将经过步骤(2)得到的基片浸入显影液并晃动显影30～180 s,然后在异丙醇中定影,使得电子束胶形成的图形稳定下来。

(4)两次斜蒸发镀膜,首先在离子束刻蚀腔体里分别从不同方向对曝光显影后的基片进行刻蚀;然后,进行蒸发沉积镀膜,在镀膜机里对相应区域分别进行斜蒸发镀膜以制备超导约瑟夫森结。

(5)金属剥离,采用去胶溶液浸泡经过步骤(4)得到的基片,清理基片表面,获得在基片上制备出的超导约瑟夫森结电路。

量子芯片封装除了提供机械保护以外,还增加了其他两项重要功能:一是辅助散热,工作在极低温环境下的超导量子芯片必须与制冷源保持良好的热接触,才能够被降温至10～30 mK,同时热接触也能迅速带走量子芯片运行时产生的瞬间发热量;二是提供量子芯片上的电极到量子芯片外围电路间的良好接触。

4.1.2　专利申请分析

4.1.2.1　专利申请态势分析

在量子计算领域中,截至2020年10月,全球有关超导约瑟夫森结的专利申请共计

815 件,其申请态势如图 4.1 所示。

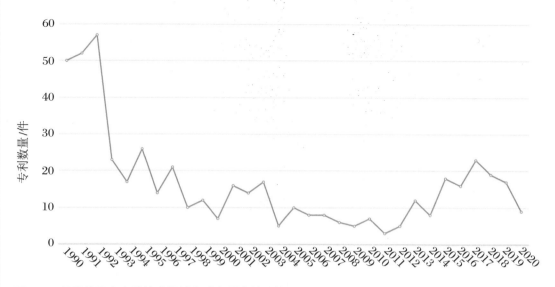

图 4.1 超导约瑟夫森结技术领域全球专利申请态势

由图 4.1 可知,该技术领域的年专利申请数量呈平稳态势,在 1990 年和 1992 年出现了高峰,这主要是由日本的几家半导体芯片制造企业申请的。1992 年以后,由于超导约瑟夫森结的制备工艺日渐成熟,以及基于超导约瑟夫森结制备的芯片性能稳定,专利申请数量一直保持稳定。

4.1.2.2 专利申请来源分析

图 4.2 所示为超导约瑟夫森结技术领域全球专利申请来源(国家/组织)分布情况,日本拥有先进的半导体制备技术,在该领域取得一系列重要成果并建立起显著的领先优势。除此之外,美国、韩国与逐渐加强芯片自主研发的中国,也在该领域投入了大量人力、财力,掌握了超导约瑟夫森结的制备技术,拥有了制备超导量子芯片的能力。俄罗斯、加拿大、德国、法国、英国等国家也有相应专利,不过数量较少。

4.1.2.3 主要申请人及技术分析

图 4.3 所示为超导约瑟夫森结技术领域全球主要申请人专利申请量排名。其中,专利数量最多的是日本的富士通公司。该公司成立于 1935 年,公司总部设在东京。富士通公司在半导体产品领域拥有深厚的技术积累、先进的研发团队,并基于半导体技术,在超导领域展现出较强的领先实力。

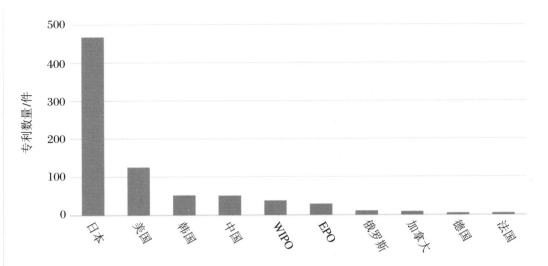

图 4.2　超导约瑟夫森结技术领域全球专利申请来源分布

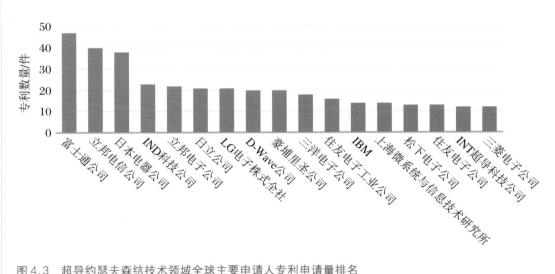

图 4.3　超导约瑟夫森结技术领域全球主要申请人专利申请量排名

4.1.3 关键技术分析

表 4.1 所示专利由富士通公司在 2013 年、2017 年、2018 年、2020 年申请,该公司在日本、美国、世界知识产权组织(World Intellectual Property Organization,WIPO)均进行了相关专利布局。相关专利涉及一种制造超导集成电路的方法:沉积第一介电层;在第一介电层上沉积负性光致抗蚀剂掩模,其描绘出所需电路图案的负性图案,使得所需电路图案对应第一介电层的未被负性光致抗蚀剂掩模直接覆盖的区域;将所需电路图案蚀刻到第一介电层中,以让第一介电层产生开口特征;在第一介电层上沉积第一超导金属层,以至于少量地填充第一介电层中的开口特征;平坦化第一超导金属层;沉积第二介电层以实现所需的内层介电厚度,该内层介电厚度由沉积工艺控制;在第二介电层上沉积第二超导金属层。

表 4.1　超导集成电路制造方法专利列表

序号	申请号	申请日	来源
1	JP2015511067A	2013-03-07	日本
2	JP6326379B2	2013-03-07	日本
3	JP2020127032A	2020-04-16	日本
4	JP2018129535A	2018-04-16	日本
5	US20200274050A1	2020-05-08	美国
6	US10700256B2	2017-08-17	美国
7	US20180033944A1	2017-08-17	美国
8	US20150119252A1	2013-03-07	美国
9	US9768371B2	2013-03-07	美国
10	WO2013180780A2	2013-03-07	WIPO
11	WO2013180780A3	2013-03-07	WIPO

4.2 量 子 态

4.2.1 技术概况

量子态指的是一个微观粒子的状态,在超导量子计算体系中用于表征超导量子位的能量状态。在宏观世界中,假设一个人在一栋楼中活动,如果他在一层,则称他处于"1态";在二层,就称处于"2态";在地下一层,就称处于"−1态"。微观粒子也有这样的属性,量子态包括基态$|0\rangle$、激发态$|1\rangle$和叠加态$(\alpha|0\rangle + \beta|1\rangle)$。量子态叠加是量子的三大特性之一,量子理论中,"薛定谔的猫"是关于量子态叠加的一个著名的思想实验,它告诉我们:猫处于生与死的叠加态。

量子态既然是一种能量状态,那么它就可以随时间变化而变化。在数学上,量子比特可以用希尔伯特空间上的态矢量表示。可以将希尔伯特空间想象为一个球体,球体静止时,其顶点可以理解为激发态,底点可以理解为基态,而球面上其他的点均可以理解为叠加态,叠加态随时间演化,同球面上点的位置随时间发生变化类似。

量子态可以被测量,但是量子态具有"测量坍缩"的特性。还是以"薛定谔的猫"为例,在未打开盒子时,猫既可能生,也可能死,处于一种叠加态;而当打开盒子时,猫就会坍缩到一个确定的生状态或死状态上。即一旦测量,量子态就会变成一个确定的态。

4.2.2 专利申请分析

4.2.2.1 专利申请态势分析

在量子计算领域中,截至 2020 年 10 月,有关量子态技术的专利申请较多,全球共有 201 件专利申请,其申请态势如图 4.4 所示。

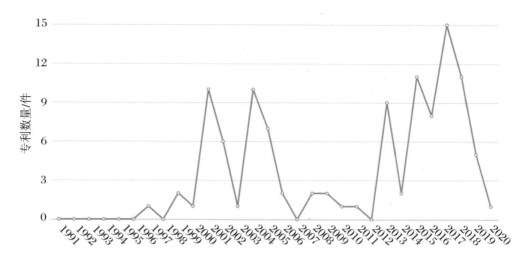

图 4.4　量子态技术领域全球专利申请态势

由图 4.4 可知,该技术领域的年专利申请数量整体呈上升态势,并且经历了 2 个增长阶段,分别为 2000—2005 年和 2012—2018 年。特别是 2012—2018 年,数量增长非常明显。结合非专利文献可知,2000 年以后各国进行量子角逐,大力发展量子计算等前沿技术。量子计算作为能够体现量子科技优势的重要领域之一,中国虽然起步晚,在 2015年才进军量子计算领域,但是后期发展飞速,大有赶超之势。

4.2.2.2　专利申请来源分析

图 4.5 所示为量子态技术领域全球专利申请来源(国家/组织)分布情况,美国的专

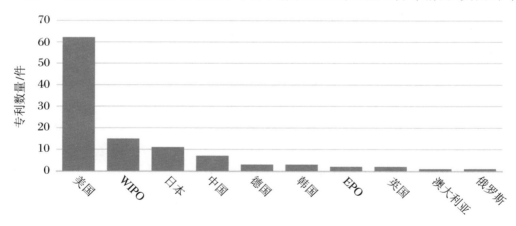

图 4.5　量子态技术领域全球专利申请来源分布

利申请量遥遥领先,这主要是因为英特尔、IBM 等公司申请量大。这些公司在美国申请专利的同时也申请了世界专利。此外,日本和中国的专利数量紧随其后,不过相对来说,数量少了很多。

4.2.2.3 主要申请人分析

图 4.6 所示为量子态技术领域全球主要申请人专利申请量排名。由图可知,专利数量前 3 位的申请人是美国的 IBM、加拿大的 D-Wave 公司、美国的 Amin Mohammad。此外,美国的微软公司、麻省理工学院、杜克大学也有至少 3 件专利申请。

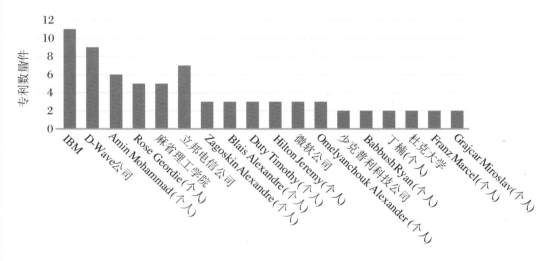

图 4.6 量子态技术领域全球主要申请人专利申请量排名

4.2.3 关键技术分析

表 4.2 所示专利由 IBM 申请,在 WIPO、德国、美国、中国、英国均进行了相关专利申请布局。该专利公开了一种从约瑟夫森比较器中提取信息的概率数字化仪。数字化仪使用统计方法对一组比较器读数进行汇总,有效地提高了比较器的灵敏度,即使输入信号落在比较器的灰色区域内也是如此。这种数字化仪可用于区分量子位的状态。

表 4.2　单通量量子概率数字化仪专利列表

表 4.2　单通量量子概率数字化仪专利列表

序号	申请号	申请日	来源
1	WO2017103694A1	2016-09-08	WIPO
2	CN108352841A	2016-09-08	中国
3	DE112016005278T5	2016-09-08	德国
4	GB201811447D0	2016-09-08	英国
5	GB2562927A	2016-09-08	英国
6	GB2562927B	2016-09-08	英国
7	US9614532B1	2016-09-08	美国

4.3　逻辑门与逻辑操作

4.3.1　概况

在经典集成电路中,逻辑门是基本组件,可由晶体管组成。这些晶体管的组合可以使高、低电平在通过它们之后产生高电平信号或低电平信号。高、低电平可以分别代表逻辑上的"真"与"假"或二进制数字 1 和 0,从而实现逻辑运算。常见的逻辑门包括与门、或门、非门、异或门等。逻辑门可以组合使用以实现更为复杂的逻辑运算。

超导量子线路也采用逻辑门,不过它与经典集成电路代表的物理意义不同,被称为量子比特逻辑门(或量子逻辑门),用于表征控制超导量子芯片工作时施加的各种各样的控制信号,有意识地使量子态发生演化,完成量子计算。具体而言,它包括控制频率的直流信号、脉冲信号,控制量子态信息的微波脉冲信号,用于采样的脉冲读取信号等。在超导量子计算体系中,各种控制信号用逻辑门的形式表征,并存储在 CPU 或 GPU 中,在需要施加时,调用对应的逻辑门,控制相应的信号源输出控制信号到超导量子芯片中,这个过程即逻辑操作。

在超导量子计算体系中,逻辑门包括 NOT 门、CNOT 门、Hadamard(H)门、Pauli-X

门、Pauli-Y门、Pauli-Z门、RX(θ)门、RY(θ)门等。不过这些门均为单量子逻辑门,即对单个超导量子位进行控制的逻辑门。除此之外,还有多量子逻辑门,如对两个超导量子位进行控制的两量子逻辑门、对三个超导量子位进行控制的三量子逻辑门等。

4.3.2 专利申请分析

4.3.2.1 专利申请态势分析

在逻辑门与逻辑操作技术领域,截至 2020 年 10 月,全球共有 2421 件专利申请。其申请态势如图 4.7 所示。

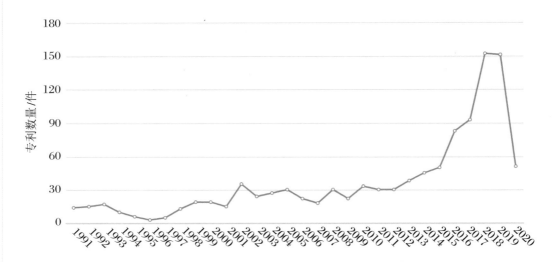

图 4.7 逻辑门与逻辑操作技术领域全球专利申请态势

由图可知,该技术领域的专利申请量总体呈上升态势,且在 2015 年后增速非常快。结合非专利文献可知,2015 年以后是量子计算研究的热潮期,多国加快量子信息技术研究与应用布局,推动相关技术研究和应用发展。预测其最终的专利申请数量仍会保持较高增长。

4.3.2.2 专利申请来源分析

图 4.8 所示为逻辑门与逻辑操作技术领域全球专利申请来源(国家/组织)分布情况。美国、日本在这个领域遥遥领先,数量较多,中国紧随其后,也取得了大量成果。美

国的诺斯洛普·格鲁门系统公司、IBM、谷歌公司、Rigetti 公司和日本的富士通公司、日立公司等为典型代表,本源量子在国内贡献突出。

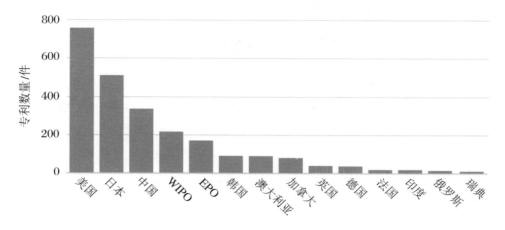

图 4.8　逻辑门与逻辑操作技术领域全球专利申请来源分布

4.3.2.3　主要申请人分析

图 4.9 所示为逻辑门与逻辑操作技术领域全球主要申请人专利申请量排名。由图可知,专利数量最多的是美国的诺斯洛普·格鲁门系统公司。该公司创办于 1975 年,公司总部设立在弗吉尼亚州福尔斯彻奇市。

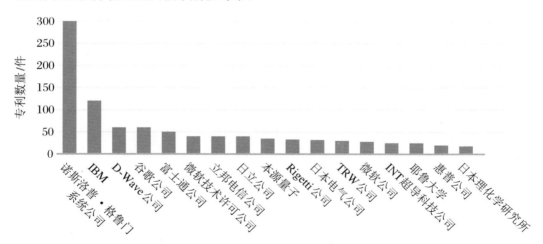

图 4.9　逻辑门与逻辑操作技术领域全球主要申请人专利申请量排名

4.3.3 关键技术分析

4.3.3.1 超导栅极存储器电路

表4.3所示专利由美国的诺斯洛普·格鲁门系统公司申请,在WIPO、加拿大、美国、欧洲专利局(European Patent Office,EPO)、日本、澳大利亚、韩国均进行了相关专利申请布局。

表4.3 超导栅极存储器电路专利列表

序号	申请号	申请日	来源
1	WO2018044562A2	2017-08-15	WIPO
2	CA3035211A1	2017-08-15	加拿大
3	WO2018044562A3	2017-08-15	WIPO
4	AU2017321215A1	2017-08-15	澳大利亚
5	KR1020190044670A	2017-08-15	韩国
6	EP3507907A2	2017-08-15	EPO
7	AU2017321215B2	2017-08-15	澳大利亚
8	JP6710323B2	2017-08-15	日本
9	JP2020149761A	2020-05-26	日本
10	EP3507907B1	2017-08-15	EPO

该系列申请主要涉及超导量子位逻辑门电路,通过判断写入使能输入端提供的写入使能单通量量子(SFQ)脉冲和写入使能单通量量子是否存在,将数字状态设置为第一数据状态或第二数据状态。将写入数据SFQ脉冲写入输入端,并耦合到超导约瑟夫森结-栅极的存储环,存储环路会响应读取使能输入端提供的SFQ脉冲,并读取数据输入端提供的读取数据SFQ脉冲,从而实现上述功能。

4.3.3.2 单通量量子概率数字化器

该专利由美国IBM申请,涉及量子逻辑门的产生方法,包括:检测用于编译的第一量子电路及第一组量子逻辑门;产生第一量子电路的第一栅极指数;量子逻辑门集合的子集的有序表,包括由量子逻辑门作用的对应的量子位集合;比较第一栅极指数与第二量子电路的第二栅极指数,以确定第一量子电路和第二量子电路的结构均一性,以及第一量子电路和第二量子电路的结构相等性。上述专利及其包含的技术内容证明了使用超导量子位的量子处理器的可操作性,使得量子计算机能够解决使用经典计算机难以解决的问题。本领域内的重要专利如表 4.4 所示。

表 4.4　量子电路的增量产生专利列表

序号	申请号	申请日	来源
1	US20200192993A1	2018-12-18	美国
2	WO2020126537A1	2019-12-06	WIPO
3	US10803215B2	2018-12-18	美国

4.4　信号耦合

4.4.1　技术概况

量子计算的计算能力取决于超导量子芯片的位数,即超导量子芯片上包含的超导量子位数量。为了满足各种计算需求,多个超导量子位之间会通过耦合结构进行信息交互,即信号耦合。

耦合量子比特之间的耦合非常丰富,只要能建立两个量子比特之间的物理量关联,就可以成为有效的耦合。在实施的时候,至少存在两种形式:具有直接共用的电容或具有直接共用的电感。考虑到效果,耦合器的方案是使用最多、效果最好的,但在具体实施的时候,也有大量的变种:电容、电感、LC 振荡器、共面波导谐振器、超导量子位耦合器、混连电路……每种变种都有独特的性质表现。

(1) 电容耦合:是最容易实现的,即两个超导量子位之间通过电容进行耦合,具体方法是将两个相邻量子比特的十字电容靠近,以构成耦合电容。两个量子比特之间的耦合强度与两个量子比特的频率直接相关。

(2) 共面波导谐振器:由在基底表面制备的共面波导传输线构成,用于实现更长程的关联与信息传递。其具体原理是两个超导量子位通过同时与共面波导谐振器相互作用,从而产生间接的相互作用。依靠共面波导谐振器耦合的超导量子位没有数量上限。耦合用的共面波导谐振器一般都是半波长。

（3）超导量子位耦合器：由于采用超导量子位作为耦合器，可以实现频率可调的效果。进而可以将需要耦合的两个超导量子位的频率设置为固定频率，不需要借助前述的电容耦合方式或电感耦合方式。

4.4.2 专利申请分析

4.4.2.1 专利申请态势分析

在信号耦合技术领域，截至 2020 年 10 月，全球共有 432 件专利申请。其申请态势如图 4.10 所示。

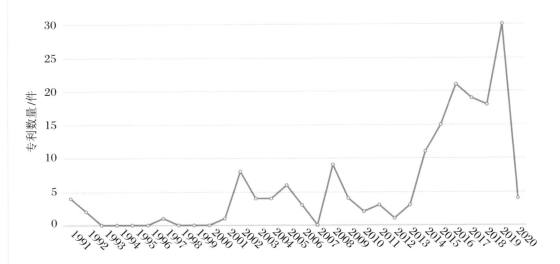

图 4.10 信号耦合技术领域全球专利申请态势

由图可知，在 2010 年以前，很长一段时间内专利申请量较少，在 2010 年以后专利申请增长较快。这与多国在近年来加快量子信息技术研究与应用布局、推动技术研究和应用发展相关，特别是在 2013 年之后，专利申请量呈直线上升。各国在量子计算领域展开激烈竞争，开发出全球第一台量子计算机对于任意公司而言都是意义非凡的。

4.4.2.2 专利申请来源分析

图 4.11 所示为信号耦合技术领域全球专利申请来源（国家/组织）分布。美国在这一领

域遥遥领先,专利数量最多,日本、中国紧随其后,也取得了显著成果。美国的 IBM 占据了大部分的申请份额。值得一提的是,中国科学技术大学在此领域贡献了较多数量的专利。

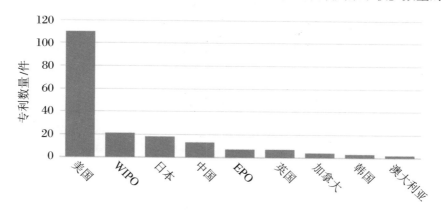

图 4.11　信号耦合技术领域全球专利申请来源分布

4.4.2.3　主要申请人

图 4.12 所示为信号耦合技术领域全球主要申请人专利申请量排名。由图可知,专利数量最多的是加拿大的 D-Wave 公司。该公司创办于 1999 年,主要研发量子计算机技术,采用 16 量子位(qbit)计算,目前已推出可以商用的量子计算机。

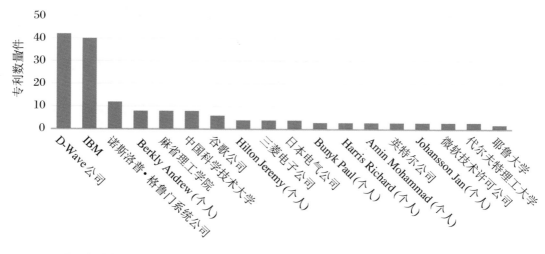

图 4.12　信号耦合技术领域全球主要申请人专利申请量排名

4.4.3 关键技术分析

4.4.3.1 用于量子位状态和装置读出的系统和方法

表 4.5 所示系列专利的申请人为 D-Wave 公司,主要涉及一种超导读出系统,包括:计算量子位;测量装置,用于测量所述计算量子位的状态;第一锁存器量子比特,包括由超导材料环形成的超导量子位环和中断该超导量子位环的化合物约瑟夫森结,该化合物约瑟夫森结由被至少两个约瑟夫森结中断的超导材料闭环形成;第一时钟信号输入结构,被配置为将时钟信号通信耦合到第一锁存器量子位的复合约瑟夫森结;计算量子位和测量设备中的至少一个被耦合到第一锁存器量子位,使得第一锁存器量子位能够调解计算量子位和测量设备之间的通信耦合。

表 4.5 用于量子位状态和装置读出的系统和方法专利列表

序号	申请号	申请日	来源
1	CA2698132A1	2008-09-23	加拿大
2	WO2009039634A1	2008-09-23	WIPO
3	EP2206078A1	2008-09-23	EPO
4	CA2698132C	2008-09-23	加拿大
5	EP2206078B1	2008-09-23	EPO

4.4.3.2 用于超导集成电路的系统和方法

表 4.6 所示系列专利的申请人为 D-Wave 公司,主要涉及一种超导读出系统,其包括一种含磁通量变换器的超导集成电路,该磁通量变换器具有内部电感耦合元件和外部电感耦合元件,外部电感耦合元件部分或全部围绕内部电感耦合元件。该磁通量变换器具有类似同轴的几何结构,这使其第一电感耦合元件与第二电感耦合元件间的互感近似线性地正比于分离二者时的距离。第一电感耦合元件和第二电感耦合元件中的至少一个可以耦连到一个超导可编程器件,如超导量子位。

表 4.6　用于超导集成电路的系统和方法专利列表

序号	申请号	申请日	来源
1	CA2786281A1	2011-01-14	加拿大
2	WO2011088342A2	2011-01-14	WIPO
3	WO2011088342A3	2011-01-14	WIPO
4	EP2524402A2	2011-01-14	EPO
5	CA2786281C	2011-01-14	加拿大

4.5　参量放大器

4.5.1　技术概况

在量子计算领域中,为了得到量子芯片的运算结果,我们需要对量子芯片输出的测试信号进行采集和分析。由于测试信号非常微弱,一般需要在测试信号的输出线路中加多级放大器以提高信号强度。因为超导量子芯片工作在极低温环境(10 mK)中,所以目前广为应用的放大器件无法直接在超导量子线路中使用。

在研究超导量子位时,发现在衬底材料上制备的约瑟夫森结电路,可以在极低温环境中高效地工作,因此基于约瑟夫森结体系制备约瑟夫森参量放大器(J-AMP)的想法被各个公司采用和尝试,并进行相应开发。与传统的低噪声放大器相比,J-AMP 能工作在极低温环境中,且附带的噪声极低。

J-Amp 的基本工作原理如下:利用约瑟夫森结的交流约瑟夫森结效应产生无损耗非线性项,再利用 LC 振荡电路构建出一个单模光场;额外引入一个功率很大的泵浦信号,微弱的输入信号和强大的泵浦信号共同进入器件中,利用约瑟夫森结的高度非线性增强四波混频或者三波混频模式的非线性相互作用,从而放大输入信号,如果单模光场的频率与输入信号的频率接近,则以上过程还会额外得到增强;最终输入信号离开器件并获得可观的功率增益。在以上过程中,整体电路工作在超导状态,几乎没有任何耗散过程,于是附带噪声被降至量子真空涨落的水平。

4.5.2 专利申请分析

4.5.2.1 专利申请态势分析

在参量放大器应用技术领域,截至 2020 年 10 月,全球共有 500 件专利申请。其申请态势如图 4.13 所示。

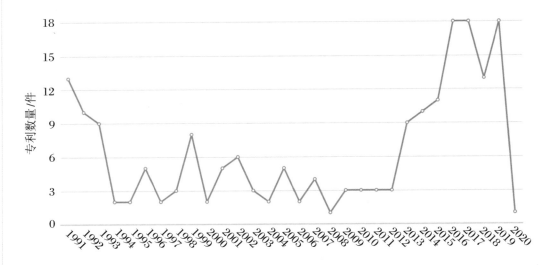

图 4.13 参量放大器技术领域全球专利申请态势

由图可知,从 1991 年开始,很长一段时间内专利申请量较少,在 2012 年以后专利申请增长较快。这与多国在近年来加快量子信息技术研究和应用布局、推动技术研究和应用发展相关。

4.5.2.2 专利申请来源分析

图 4.14 所示为参量放大器技术领域全球专利申请来源(国家/组织)分布。日本、美国在参量放大器技术应用领域取得了一系列重要成果并遥遥领先。中国紧随其后,稳步发展。

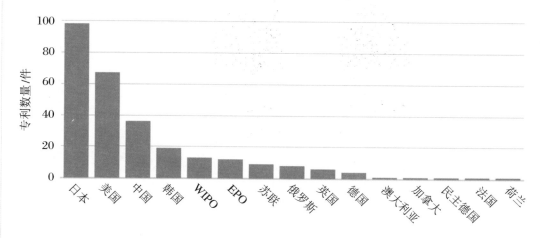

图 4.14　参量放大器技术领域全球专利申请来源分布

4.5.2.3　申请人分析

图 4.15 所示为参量放大器技术领域全球主要申请人专利申请量排名。由图可知，专利数量最多的是美国的 IBM。该公司创办于 1975 年，公司总部设立在纽约州阿蒙克市。值得一提的是，中国有两家单位进入前 10 位，中国科学院上海微系统与信息技术研究所的专利数量排到了第三位，仅次于 IBM 和三菱电子公司；本源量子作为一家企业，在该领域的专利数量排到了第九位。

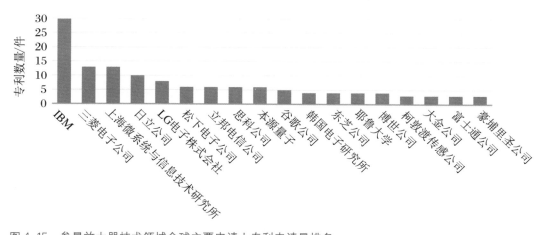

图 4.15　参量放大器技术领域全球主要申请人专利申请量排名

本源量子成立于 2017 年 9 月,是我国量子计算龙头企业,总部位于合肥高新区,并在北京、上海、成都、深圳等地设有分支机构。团队技术起源于中国科学院量子信息重点实验室,以量子计算机的研发、推广和应用为核心,专注于量子计算全栈开发和各软、硬件产品研发,技术指标国内领先。

4.5.3 关键技术分析

表 4.7 所示系列专利申请的申请人为 IBM,主要涉及量子微波放大器,具体包括:约瑟夫森结环调制器(JRM);连接到 JRM 的第一集总元件谐振器,第一集总元件谐振器包括一个或多个第一集总元件;连接到 JRM 的第二集总元件谐振器,第二集总元件谐振器包括一个或多个第二集总元件。其中,JRM、第一集总元件谐振器和第二集总元件谐振器形成约瑟夫森结参数转换器(JPC)。通过匹配第一集总元件和第二集总元件来使它们具有相同的值,从而将 JPC 配置为光谱退化。

表 4.7 光谱简并与空闲模空间分离的量子限制约瑟夫森放大器专利列表

序号	申请号	申请日	来源
1	US9806711B1	2011-01-14	美国
2	WO2018060981A1	2011-01-14	WIPO
3	DE112017004860T5	2011-01-14	德国
4	JP2020503706A	2011-01-14	日本

4.6 信号源

4.6.1 技术概况

与经典的半导体芯片相似,超导量子芯片的工作也需要提供各种控制信号。例如,控制超导量子芯片频率参数的直流信号,控制超导量子芯片量子态参数的脉冲信号,用于读取超导量子芯片计算结果的微波信号,等等。可以预见的是,直流信号、脉冲信号、微波信号的信号精度会直接影响超导量子芯片的计算结果。因此,能够提供直流信号、脉冲信号、微波信号的高精度信号源,在超导量子计算体系中是极为关键的影响要素。

对于提供直流信号的直流信号源而言,具体的参数要求包括:$-5\sim+5$ V 输出范围、1 ppm RMS 电压噪声($0.1\sim10$ Hz)、100 μV 步进、50 μV 精度、高长期稳定性。对于提供脉冲信号的脉冲信号源而言,具体的参数要求包括:1 GS/s、14 bit、DC-350 MHz 模拟带宽、-55 dBc 杂散。对于提供微波信号的微波信号源而言,具体的参数要求包括:$4\sim16$ GHz、1 kHz 步进、频率精度 0.001 Hz、极低相噪。对于微波信号源而言,由于其超宽的频带要求,可以采用多个不同频带的微波信号源,如 $4\sim6$ GHz、$6\sim8$ GHz、$12\sim16$ GHz。

在超导量子体系中,超导量子芯片的工作频率通常在 $4\sim6$ GHz。且超导量子芯片工作需要的微波信号,不仅用于对超导量子芯片的量子态进行调控,还用于读取混频率与合成超导量子位的信号,并将其传输到参量放大器上。因此,提供稳定的微波信号是量子计算的关键技术。此外,因使用场景不同,故对微波信号的种类、参数也有不同的要求。

4.6.2 专利申请分析

4.6.2.1 专利申请态势分析

在信号源技术领域,截至 2020 年 10 月,全球共有 290 件专利申请。其申请态势如图 4.16 所示。

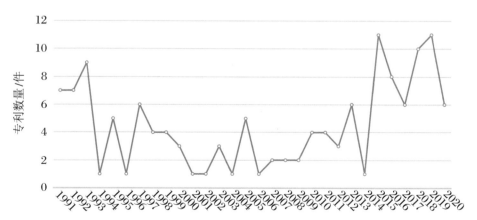

图 4.16　信号源技术领域全球专利申请态势

由图可知,从 1991 年开始,很长一段时间内专利申请量较少,在 2014 年以后专利申请增长较快。这与多国在近年来加快量子信息技术研究和应用布局、推动技术研究和应用发展相关。

4.6.2.2 专利申请来源分析

图 4.17 所示为信号源技术领域全球专利申请来源(国家/组织)分布。美国、日本在信号源技术应用领域取得了一系列重要成果并遥遥领先。其中,美国的 IBM 申请量较多,加拿大的 D-Wave 公司也有显著贡献。中国紧随其后,主要由中国科学院上海微系统与信息技术研究所完成。

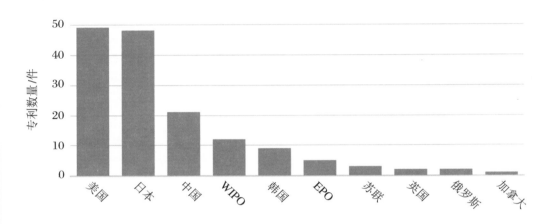

图 4.17 信号源技术领域全球专利申请来源分布

4.6.2.3 主要申请人分析

图 4.18 所示为信号源技术领域全球主要申请人专利申请量排名。其中,美国、欧洲的申请人较多。专利数量最多的 4 个申请人是美国的 IBM、豪埔里圣公司,加拿大的 D-Wave 公司,日本的日立公司,且 IBM 的联合申请较多。中国科学院上海微系统与信息技术研究所作为国内研究机构,排名第五,共申请了 7 件,都是关于超导量子体系中的偏移电压调节电路。

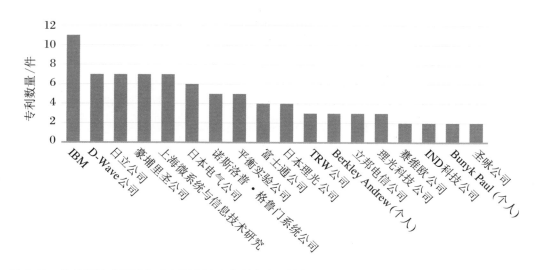

图 4.18　信号源技术领域全球主要申请人专利申请量排名

4.6.3　关键技术分析

4.6.3.1　偏移电压调节电路及其适用的超导量子干涉传感器

"偏移电压调节电路及其适用的超导量子干涉传感器"系列专利的申请人为中国科学院上海微系统与信息技术研究所,申请时间在 2015 年 6 月。

该专利涉及一种偏移电压调节电路及其适用的超导量子干涉传感器。此传感器包括:与外接的可调偏置电源相连的偏置电路;与偏置电路相连的超导量子干涉器件;与偏置电源和外接的可调偏移电源相连的偏移电压调整电路,用于根据偏置电源和偏移电源提供的电压,来抵消超导量子干涉器件输出的感应信号中的直流电压分量。本发明从偏置电源引出其输入超导量子干涉器件的电压,并将其与偏移电源提供的电压相加,以抵消超导量子干涉器件输出的感应信号中的至少大部分的直流电压分量,有效简化了对偏移电源的调节。

4.6.3.2 提供用于量子计算的受控脉冲

"提供用于量子计算的受控脉冲"系列专利的权利人为美国的 IBM。此专利原申请人为 Frank、J. David，于 2015 年 5 月通过转让将专利权人变更为 IBM。

该专利涉及一种量子力学射频（RF）信号系统（图 4.19），该信号系统包括传输线，该传输线用于接收并传导 RF 脉冲信号，第一量子比特具有量子力学状态，该量子力学状态是至少两个状态的线性组合。量子力学本征态和电抗性电组件的第一网络的输入端耦合到传输线，以接收 RF 脉冲信号，输出端耦合到第一量子位。电抗性电分量的 RF 脉冲信号被施加到第一量子位的 RF 脉冲信号，使其衰减，该衰减的幅度导致第一量子位内的至少两个量子机械本征态的线性组合发生预定变化。第一电抗性电组件网络包括可调节的电抗，用于改变与第一衰减幅度相关的衰减。

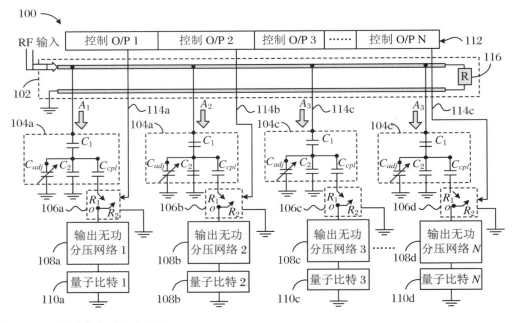

图 4.19　RF 脉冲信号系统电路图

4.6.3.3 在稀释制冷器中使用低频微波信号的超导量子位的测量方案

"在稀释制冷器中使用低频微波信号的超导量子位的测量方案"系列专利为 IBM 在 2019 年 4 月通过专利转让（表 4.8），从原始申请人 Abdo、Baleegh 处获得。

表4.8　在稀释制冷器中使用低频微波信号的超导量子位的测量方案专利列表

序号	申请号	申请日	来源
1	US20200333263A1	2019-04-18	美国
2	WO2020212092A1	2020-03-23	WIPO

　　该系列专利涉及一种使用微波信号测量超导量子位的低温微波系统(图4.20),包括:一种用于量子处理器的稀释制冷器系统,位于稀释制冷器系统内的约瑟夫森混合电路将与量子位信息相关联的微波信号转换为降频微波信号,此降低频率的微波信号包括低于量子处理器相关联的量子位频率和读出谐振器频率的频率。该方案还包括通过稀释制冷器系统来将数字信号发送到经典计算系统。该系统可以将热噪声抑制在超导微波电路的微波光子激发的能级之下,使得微波系统更稳定。

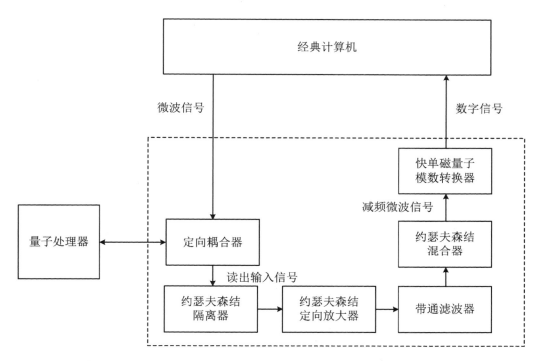

图4.20　微波信号系统功能图

4.7 低温电子器件

4.7.1 技术概况

超导量子芯片工作在超导量子计算系统中,系统中除了实施运算的超导量子芯片和为超导量子芯片提供信号的各种信号源以外,还包括各种功能器件,如滤波器、衰减器、混频器、环形器等。这些功能器件设置在信号源和超导量子芯片之间的连接线路上。目前的超导量子芯片均设置在稀释制冷机的低温系统中,所以对这些功能器件的工作环境也有相应要求,能够在低温系统中正常运行。因此,将这些功能器件统称为低温电子器件。

目前,研究超导量子计算机的各个机构、企业在实验中的超导计算系统,均是融合了经典计算机和超导量子芯片的混合系统。其中,经典计算机置于室温环境下,为超导量子芯片提供各种信号的信号源也设置于室温环境下,即设置于稀释制冷机外部,而超导量子芯片则设置于稀释制冷机内。由此可以预见,目前的超导量子计算系统包含了两个温度系统,在两个温度系统之间的信号传递如何保障信号精度,并降低超长线路带来的噪声影响、信号衰减等,是一个棘手的难题。现有的解决手段均是依靠在系统中设置各种低温电子器件,来保障各种信号源输出的原始信号在通过两个温度系统的超长线路并到达超导量子芯片时还能保持高精准度,从而为超导量子芯片的精确运算奠定基础。

4.7.1.1 滤波器

滤波器包括低通滤波器、带通滤波器,设置在信号源后端,对信号源输出的原始信号进行过滤。随着技术的进步,超导量子芯片的位数逐渐增加,目前已经出现了 64 位超导量子芯片。超导量子芯片的位数即超导量子芯片上的超导量子位的数量。每一个超导量子位都需要对应的测控线路,超导量子芯片的位数越多,超导量子芯片上集成的信号线路就越多,就需要设置数量更多的滤波器,从而对每一条线路上的信号进行保护,有效地隔离其他线路上的信号干扰。

4.7.1.2 衰减器

在超导量子系统中,衰减器设置在滤波器的后端,与滤波器串联,用于对通过滤波器后的信号进行衰减,这个环节在超导量子系统中是必不可少的,因为施加在超导量子芯片上的控制信号必须是非常微弱的信号。超导量子芯片上的超导量子位是人造的"能级系统",与原子的能级系统相似。人造的"能级系统"对信号敏感度高,调控时需要使用非常微小的信号进行控制。这就决定了施加在超导量子芯片上的控制信号的强度大小。

4.7.1.3 混频器

在超导量子系统中,混频器主要用于合成调控超导量子芯片的量子态参数的微波信号、对超导量子芯片进行测量和计算的采样信号。

4.7.1.4 环形器

在超导量子系统中,环形器设置在超导量子芯片的后端,用于隔离超导量子芯片的输出信号,防止输出信号在通过功能器件时发生反射,从而回传到超导量子芯片,对超导量子芯片的运算产生干扰。

4.7.2 专利申请分析

4.7.2.1 专利申请态势分析

在低温电子器件技术领域,截至 2020 年 10 月 31 日,全球共有 747 件专利申请。其申请态势如图 4.21 所示。

由图可知,该技术领域的专利申请量在 2013 年之前呈平稳状态;2013—2018 年,该技术领域的专利申请量呈直线增长。结合非专利文献可知,日本在 2013 年成立量子信息和通信研究促进会以及量子科学技术研究开发机构,在十年内投入 400 亿日元支持量子技术研发。韩国重点发展量子通信领域,在 2014 年发布《量子信息通信中长期推进战略》,旨在 2020 年成为全球量子通信领先国家。此外,在谷歌公司研究的超导的量子计算机带领下,全球掀起了巨大的量子计算研究热潮。

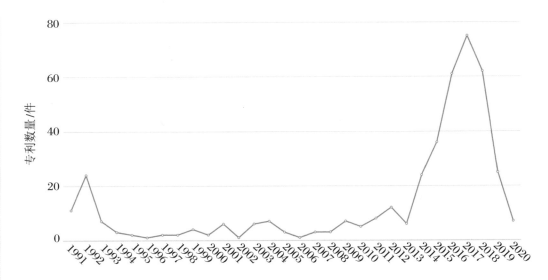

图 4.21　低温电子器件技术领域全球专利申请态势

4.7.2.2　专利申请来源分析

图 4.22 所示为低温电子器件技术领域全球专利申请来源(国家/组织)分布。依然是美国取得了一系列重要成果并建立了明显的领先优势,日本和中国紧随其后,略有差距。美国的 IBM 申请的专利比较多。

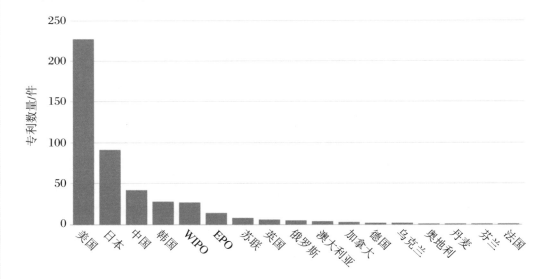

图 4.22　低温电子器件技术领域全球专利申请来源分布

4.7.2.3　主要申请人分析

图4.23所示为低温电子器件技术领域全球主要申请人专利申请量排名。由图可知,美国、WIPO较多,日本、中国和韩国的数量也很可观。其中,专利数量最多的三个申请人是美国的 IBM、谷歌公司,日本的思科化学公司。此外,IBM、谷歌公司、D-Wave公司的联合申请较多。

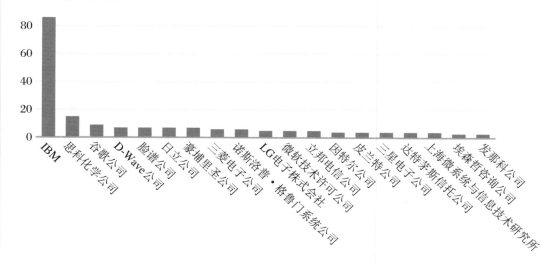

图4.23　低温电子器件技术领域全球主要申请人专利申请量排名

4.7.3　关键技术分析

4.7.3.1　采用频分复用技术的量子信号微波合路器和分配器、滤波器相关专利申请

表4.9所示专利为 IBM 申请,在多个国家和地区均进行了专利布局。

频分复用是电信中的一种技术。通过该技术,通信介质中可用的总带宽被分成一系列非重叠的频率子带,每个子带用于承载单独的信号。该技术允许多个独立信号共享空气、电缆或光纤等单个传输介质。

超导量子芯片上包含多位的超导量子位,而每一个超导量子位都有对应的信号通道。超导量子位对电磁噪声非常敏感,特别是在微波和红外域中。因此,针对多个超导量子位对应的信号通道采用频分复用技术,是非常有效的一种技术手段。

表 4.9　采用频分复用技术的量子信号微波合路器和分配器、滤波器专利列表

序号	申请号	申请日	来源
1	US20180091244A1	20160926	美国
2	WO2018055472A1	20170905	WIPO
3	US10164724B2	20160926	美国
4	CN109661748A	20170905	中国
5	GB201904667D0	20170905	英国
6	DE112017004794T5	20170905	德国
7	GB2569484A	20170905	英国
8	GB2569484B	20170905	英国
9	JP2019535169A	20170905	日本
10	CN109661748B	20170905	中国

微波滤波器包括:第一滤波器至最后一个滤波器,它们分别连接到第一输入至最后一个输入,从第一滤波器至最后一个滤波器分别具有第一通带至最后一个通带,使得第一通带至最后一个通带各自不同,第一输入至最后一个输入互不连接;经由第一滤波器至最后一个滤波器连接到第一输入至最后一个输入的公共输出,其中第一滤波器至最后一个滤波器是超导的(图 4.24)。

4.7.3.2　在低温范围内使能量子微波电路的衰减器

该专利由 IBM 在 2018 年 11 月 1 日申请,申请号为 US20200144690A1。

该专利涉及一种微波电路,包括:衰减器,用于衰减微波信号中的多个频率,衰减器又包括第一材料的组分,第一材料在低温范围内表现出超导性;磁体,用于在衰减器处产生磁场,该磁场强度至少等于第一材料的临界磁场强度,从而让第一材料在相应的低温温度范围内变得不超导。

信号的衰减是指在特定频率或频率范围内降低信号幅度的过程。衰减器是用于衰减输入信号中特定频率或频率范围的电子电路。电阻性衰减器通过在衰减器的电阻性分量中耗散处于该频率的信号的能量来衰减信号频率。色散衰减器通过在输入信号线中反射回频率处的信号能量来衰减信号频率。

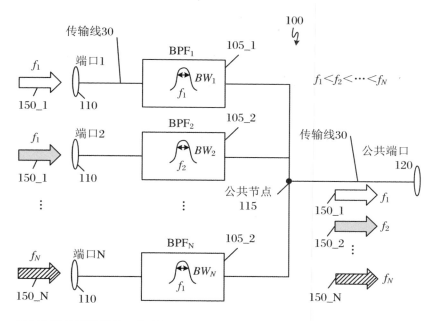

图 4.24　一种超导微波滤波器的工作原理图

超导材料的临界温度是指该材料开始表现出超导特性的温度。目前,可用的衰减器是使用在 $1\sim10\,\mathrm{K}$ 低温下形成的超导材料制成的。超导材料对于电流会表现出非常低的电阻率或零电阻率,由于电阻率降低,目前可用的电阻衰减器(如色散衰减器和混合色散电阻衰减器)在临界温度或低于临界温度的操作过程中易受到干扰,而临界磁场可以在一定程度上消除上述干扰。

4.7.3.3　用于超导量子技术的环行器

该专利由 IBM 在 2019 年 8 月 14 日申请,申请号为 US20190372192A1。

图 4.25 所示专利涉及一种超导环行器装置,包括:通过强耦合连接到环形系统的两个或多个具有相等静态谐振频率的谐振器,谐振器由可调电感器、一组端口和一组调制器构成。可调电感器位于电磁场最小值的位置上,内置于各个谐振器中;一组端口指的是耦合到两个或多个谐振器中的一系列端口;调制器是指可调电感器中的相应设置。其中,调制控制端口能够连接其他调制器,使得各个调制控制端口能够控制相关的谐振器产生静态谐振频率,从而令环形系统可调。

基于超导约瑟夫森结技术,具有谐振器的超导环行器装置可通过并入的可变电感器进行参数调谐。可变电感器允许通过控制调制器的 DC 偏置电流的场来调节谐振器的谐振频率。另外,低频 AC 电流可以允许对由所有谐振器组成的超导环行器装置进行参数调制。谐振器的 AC 调制相对于其相邻的谐振器发生相移,这将谐振器的 AC 调制均匀地分布在 360°范围内。这可以在环形结构中施加角动量,该角动量可以产生必要的非互易性,从而将信号从一个谐振器传送到它的某一个相邻谐振器,而不是另一个相邻谐振器。这是环行器的功能,该环行器在三个端口的情况下可经修改以发挥隔离器的作用(通过终止端口中的一个端口)。当然这种结构和概念可应用于具有三个及更多端口设备的设计。

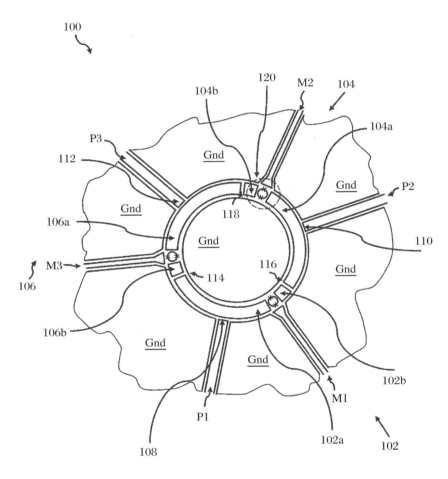

图 4.25　一种用于超导量子技术的环行器的构造图

4.7.3.4　将约瑟夫森放大器或约瑟夫森混频器集成到印刷电路板中

该专利是 IBM 在 2019 年 7 月 15 日申请的,申请号为 US20190343002A1。

该专利涉及一种印刷电路板(PCB),包括:一个或多个板层;形成在一个或多个板层内的第一芯片腔,其中第一约瑟夫森放大器或约瑟夫森混频器设置在第一芯片腔内;其中第一约瑟夫森放大器或约瑟夫森混频器包括至少一个端口,每个端口连接到设置在一个或多个板层中的至少一个连接器上。

约瑟夫森结不仅可以用来制备超导量子芯片,也可以用来制备其他器件,如环形器、参量放大器、耦合器等。它们主要利用约瑟夫森结的电感可调性。

该技术解决了现有技术的缺点(如在完全片上集成或在分开的封装中组合分立元件),降低了成本,增加了模块性,简化了与常规金属微波电路和部件的耦合。

4.8 技术发展脉络

在量子计算技术领域中,量子芯片的制备和性能是决定量子计算效率和准确度的核心因素;通过大量的研发和测试实验发现,可以借助超导材料形成约瑟夫森结来设计能级系统,进而制备超导量子芯片。与半导体量子芯片相比,超导量子芯片受热噪声影响小、相干时间长、操作速度快、更容易集成。因此,从 19 世纪末、20 世纪初开始,各国掀起了超导元件的研发热潮,富士通公司、英特尔公司等在半导体芯片制备领域具有雄厚的研发实力,率先取得了成果并进行了专利申请。国内的量子计算起步较晚,在 2010 年后,中国科学院上海微系统与信息技术研究所提出了新的超导电路结构及制备方法。

与超导材料的量子芯片研发同步,量子芯片的量子态的制备、测量以及实现多个量子比特纠缠的技术也已开展,日本电报电话公司和专注量子计算机的 D-Wave 公司,提出了多件量子比特之间相互耦合、纠缠的专利。

同时,由于超导材料的工作环境需求,对超导量子芯片进行控制和测试的极低温电子器件(如滤波器、衰减器、合路器等)的性能参数提出了更高的要求,以日立公司、IBM 为首的几家国外科技巨头早早地开展了该领域研究并申报了大量专利。

为超导量子芯片提供电源信号的信号源,因为工作在室温环境中,所以初期仅需保证能提供电源信号即可。可随着超导量子芯片技术的日渐成熟,对于电源信号的精度要求越来越高,因此在 2005 年以后,对适用于超导量子芯片的电压源提出了更高的参数要求。富士通公司因为在超导量子芯片制备领域起步较早,所以在电压源方面也处于领先地位,较早地进行了专利申请和布局。

在一开始进行超导量子芯片研发设计时,均是从 1 位量子比特开始的,当制备出 1 位量子比特,并实现对应的控制之后,各大公司开始尝试制备 2 位量子比特,并对 2 位量子比特进行耦合,为以后研发更多位的超导量子芯片打基础。相应地,用于 2 个量子比特的耦合结构,以及对耦合作用进行调控的量子逻辑门,成为了各家科技巨头亟须解决的问题,经过大量的研发和实验,日本电报电话公司、英特尔公司等从 2010 年开始大量申请相关专利。本源量子虽然成立时间较晚(2017 年),但在技术研发和专利申请方面紧随其后(图 4.26)。

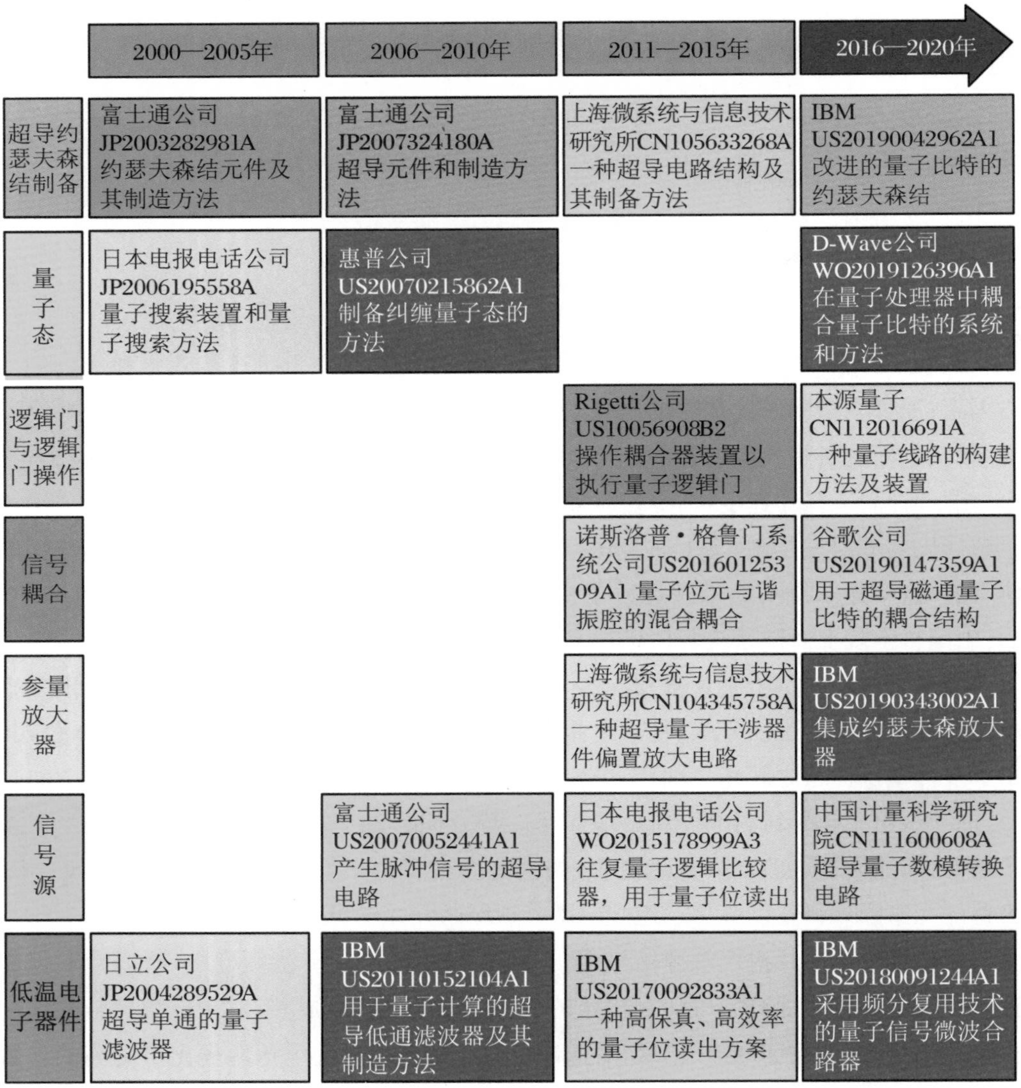

技术分析	2000—2005年	2006—2010年	2011—2015年	2016—2020年
超导约瑟夫森结制备	富士通公司 JP2003282981A 约瑟夫森结元件及其制造方法	富士通公司 JP2007324180A 超导元件和制造方法	上海微系统与信息技术研究所CN105633268A 一种超导电路结构及其制备方法	IBM US20190042962A1 改进的量子比特的约瑟夫森结
量子态	日本电报电话公司 JP2006195558A 量子搜索装置和量子搜索方法	惠普公司 US20070215862A1 制备纠缠量子态的方法		D-Wave公司 WO2019126396A1 在量子处理器中耦合量子比特的系统和方法
逻辑门与逻辑门操作			Rigetti公司 US10056908B2 操作耦合器装置以执行量子逻辑门	本源量子 CN112016691A 一种量子线路的构建方法及装置
信号耦合			诺斯洛普·格鲁门系统公司US20160125309A1 量子位元与谐振腔的混合耦合	谷歌公司 US20190147359A1 用于超导磁通量子比特的耦合结构
参量放大器			上海微系统与信息技术研究所CN104345758A 一种超导量子干涉器件偏置放大电路	IBM US20190343002A1 集成约瑟夫森放大器
信号源		富士通公司 US20070052441A1 产生脉冲信号的超导电路	日本电报电话公司 WO2015178999A3 往复量子逻辑比较器,用于量子位读出	中国计量科学研究院CN111600608A 超导量子数模转换电路
低温电子器件	日立公司 JP2004289529A 超导单通的量子滤波器	IBM US20110152104A1 用于量子计算的超导低通滤波器及其制造方法	IBM US20170092833A1 一种高保真、高效率的量子位读出方案	IBM US20180091244A1 采用频分复用技术的量子信号微波合路器

图 4.26　硬件专利技术脉络

因为超导量子芯片的脆弱性,通过超导量子芯片输出的信号极其微弱,所以测试超导量子芯片还需要放大器,而现有的放大器不能工作在极低温环境中,于是提出了基于超导材料制备的参量放大器,以便直接应用于极低温环境中。2015 年初,中国科学院上海微系统与信息技术研究所提出了放大电路,此后 IBM 也提出了基于约瑟夫森结的放大器,并申请了专利。

实施量子计算,不仅需要高性能的量子芯片,还需要有完善的量子芯片测试系统,系统包含各种信号源、微波器件、处理元件等,可见实施量子计算的量子计算系统是极其复杂的,因此出现了多家公司各展其能的局面,在擅长领域获得相应的研发成果,并进行了专利申请和布局。

4.9　技术功效分析

4.1 节至 4.7 节对量子计算硬件中涉及的专利申请进行了分析,从而得到技术功效(图 4.27)。目前,在量子计算的参量放大器、超导约瑟夫森结制备、低温电子器件、量子态、逻辑门与逻辑门操作、信号耦合、信号源等方面较受关注的是简化工艺、提高寿命、降低成本、易于扩展、提高运算速度、提高保真度、提高相干时间、方便操控、提高集成度、提高抗干扰性、提高稳定性等。

简化工艺是指简化量子计算装置、相关元器件的制备工艺;提高寿命是指提高量子计算核心元器件(如量子比特、约瑟夫森结、低温电子器件等)的寿命;降低成本是指减少量子计算相关的工艺设备成本;易于扩展是指便于对量子比特的数量、量子芯片的结构进行扩展;提高运算速度是指提高量子计算过程的信息传输、数据处理的速度;提高保真度是指提高两个不同态之间的相似程度;提高相干时间是指增加量子比特保持有效信息的持续时间;方便操控是指易于施加量子逻辑门信号、易于操控量子态的变化;提高集成度是指提高量子比特与其他元器件的集成程度,以缩小量子芯片或者量子计算装置的体积;提高抗干扰性是指增强抗环境噪声影响的能力;提高稳定性是指增强量子计算核心元器件性能的稳定。

由图可知,参量放大器改进的技术热点主要集中在方便操控上;超导约瑟夫森结制备改进的技术热点主要集中在方便操控、简化工艺上;逻辑门与逻辑门操作改进的技术热点主要集中在方便操控、简化工艺、提高稳定性、提高运算速度上,提出的专利申请数量分别是 246 件、228 件、179 件、160 件。从专利申请量来看,逻辑门与逻辑门操作的专利申请量最多。

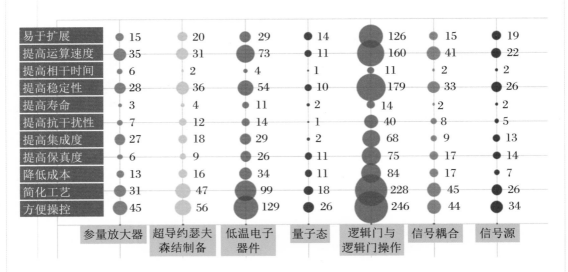

图 4.27　技术功效图

本章小结

　　量子计算是一种遵循量子力学规律调控量子信息单元并进行计算的新型计算模式。量子计算的核心是量子芯片的性能,量子芯片的性能是保障量子计算效率的基础。此外,围绕量子芯片构建的量子计算硬件系统也是至关重要的一环,因为量子芯片的工作、计算离不开各种精确的调控信号,以及对输出信号进行处理、优化的电路。作为实施量子计算的载体,量子计算机中的硬件设备需要与量子计算软件协同作用,共同执行量子计算。

第 5 章

量子计算软件专利分析

5.1　量子计算软件概述

　　对于传统计算机而言,通过控制晶体管电压的高、低电平来决定一个数据到底是"1"还是"0","1"或"0"的二进制数据模式俗称经典比特。传统计算机在工作时将所有数据排列为一个比特序列,并对其进行串行处理。而量子计算机使用的是量子比特,量子计算机能超越传统计算机,得益于两项独特的量子效应——量子叠加和量子纠缠。量子叠加能够让 1 个量子比特同时具备"0"和"1"两种状态;量子纠缠能让 1 个量子比特与空间上独立的其他量子比特共享自身状态,创造出一种超级叠加,从而实现量子并行计算。量子计算机的计算能力可随着量子比特位数的增加而呈指数级增长。

　　在理论上,拥有 50 个量子比特的量子计算机的性能就能超过目前世界上最先进的超级计算机,某些使用经典计算机需要数万年处理时间的复杂问题,若改用量子计算机,则运行时间可缩短至几秒钟。这两个特性让量子计算机拥有超强的计算能力,为密码分析、气象预报、石油勘探、药物设计等需要的大规模计算提供了解决方案,并可揭示高温超导、量子霍尔效应等复杂物理机制,为先进材料制造和新能源开发等奠定物质基础。

此外,量子计算的信息处理过程是幺正变换,幺正变换的可逆性使得量子信息处理过程中的能耗较低,从而在原理上解决现代信息处理的另一个关键难题——高能耗。因此,量子计算技术是后摩尔时代的必然产物。

近年来,国际信息产业巨头(如 IBM、谷歌公司)及初创公司在量子计算机硬件研制中取得巨大进步,我国在这方面也取得了许多重大成果。微软公司、IBM、谷歌公司、Rigetti 公司等还致力于开发相应的量子软件,而国内关于量子计算软件的研究却十分缺乏,在量子软件的一些重要领域,如量子算法、量子计算指令集体系结构、量子程序设计、量子程序设计平台与工具展示等方面的布局仍不完善。

本章针对编译器(包括中间代码的生成与优化、即时编译、量子线路编译优化与校准)、量子编程语言、类型系统、量子模拟器(包括虚拟机、CPU/GPU、分布式计算)等典型领域的量子软件专利进行分析。

5.2 软件技术专利分析

第一台可编程电子计算机 ENIAC 于 1946 年在美国宾夕法尼亚大学诞生,1968 年诞生了互联网和软件工程,在过去的 70 余年间,使用传统软件编程方法编写的程序与不断延伸的互联网为人类社会的发展带来了不可估量的影响,软件产业也成为支撑一个国家社会经济可持续发展的重要支柱。

20 世纪 80 年代,量子计算机初露曙光,"量子编程"的概念也应运而生,然而量子软件编程和传统编程之间存在着明显差异,因为量子计算机的设计制造,特别是量子芯片、量子逻辑门的运算与量子比特的存储必须严格遵从量子力学规律,所以在量子计算机硬件研发不断取得突破、量子计算机呼之欲出的今天,从软件工程学科的角度来研究量子编程的重要性不言而喻。

1996 年,美国洛斯阿拉莫斯国家实验室(LANL)首次提出:可通过经典计算对量子计算进行预处理来获得量子系统测量结果的主从式量子计算机体系结构——量子随机存储机(QRAM),以及适合在该体系上实现的量子程序设计伪代码语言,并对量子寄存器的应用和引入方法、量子寄存器与传统寄存器之间如何对接、转换等问题作出详细建议。这为当时量子编程语言设计领域提供了重要的构想基础和设计灵感。

在随后的 10 年间,基于 QRAM 体系或结合经典 C 语言等构思出的一些简单的量子程序设计语言(QCL、qGCL、QPL)被陆续提出。但直至美国情报先进研究计划署(IARPA)于 2010 年开启量子计算科学项目之后,该领域真正的研究热情才被正式激发。目前比较受关注的量子编程语言包括 Quipper、Scaffold、Project Q 和 QRunes 等。

量子计算机软件和传统计算机软件一样,是用户与计算机硬件进行交流和控制的接口界面,涉及量子编程、量子算法、量子计算模型与复杂性等研究领域。量子物理系统与经典物理体系相比,在量子叠加态、相干性、纠缠等方面有很多根本性的不同,故现有的带随机存储(RAM)的量子图灵机、量子线路模型、绝热量子计算、拓扑量子计算等主流量子计算模型也都与传统计算机在较多层面上有不同程度的差异。量子计算软件在很大程度上并不能直接使用传统计算软件的理论、方法和技术,这也让量子软件的开发变得十分困难且深具挑战性。

5.2.1　编译器

目前,量子算法设计可以不考虑具体的量子硬件,只要在理想情况下针对硬件进行设计实现即可。因此,一个量子程序可以运行在不同的量子计算机上,同时使得量子计算程序开发人员只需要关注算法设计本身,而不用考虑底层硬件细节。

因此,量子计算程序需要最终被转化为量子计算机能够执行的一种表示方法。这种方法被称为量子编译(Quantum Circuit Compilation)。量子编译器需要对量子程序进行一系列变换以满足量子处理器的物理约束,这个过程事实上与传统计算机中的编译过程极为相似。

受到物理环境的影响,量子比特的状态会在很短的时间内发生变化,这种变化被称为退相干(decoherence)。由于退相干的存在,执行时间越短的量子线路越好。例如,IBM 的 20 位量子比特商用量子计算机中的退相干时间达到了 100 ms。

但是,如果一个编译器能够将一个量子程序的执行时间编程至最短,那么肯定会在别的方面付出代价。例如,"想实现线路的最优化"(量子线路执行时间最短),这个问题本身就需要耗费非常多的时间。

IBM 在 2018 年发表的"On the Complexity of Quantum Circuit Compilation"中指出:对于某些特定类型的线路,实现最优化的编译本身就是一个 NP 完全问题。其实,认识到这一点已经体现出在量子编译方面的研究取得了巨大进展。接下来的问题就是研究如何在物理约束的条件下寻找较优的量子线路,以确保可以在给定的时间阈值内完成运算过程。

接下来将围绕量子编译问题,梳理、分析其中的核心技术及其专利。

5.2.1.1　中间代码的生成与优化

优化是一种程序转换技术,它围绕使代码消耗更少的资源(如 CPU、内存)来改进代码。在优化中,高级通用编程结构被非常高效的低级编程代码代替。代码优化过程须遵循以下三条规则:① 输出代码无论如何不能改变程序的含义;② 优化应该提高程序的速度且需要更少的资源;③ 优化本身应该是快速的,不能延迟整个编译过程。优化代码的工作可以在编译过程的不同级别中进行:在开始时,用户可以更改/重新排列代码或使用更好的算法来编写代码;生成中间代码后,编译器可以通过地址计算和改进循环来修改中间代码;在生成目标机器代码时,编译器可以使用内存层次结构和 CPU 寄存器。

优化可以大致分为两类:独立于机器的优化和依赖于机器的优化。

1. 专利申请态势分析

在量子计算领域,截至 2020 年 10 月,有关中间代码生成优化的专利申请较少,全球共有 9 件专利申请,其申请态势如图 5.1 所示。

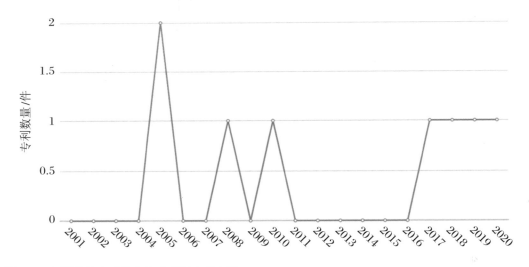

图 5.1　中间代码生成优化技术专利申请态势

由图可知,该领域的专利申请数量整体呈上升态势,2005年开始出现专利申请,但长时间内专利的申请数量较少。

2. 专利申请来源分析

图5.2所示为该领域内专利申请来源的分布情况,中国、美国、日本三国在该领域均有专利布局,且差距不大。从整体来看,各方的专利数量都较少。

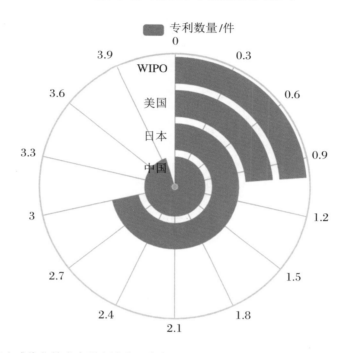

图5.2　中间代码生成优化技术专利申请来源分布

3. 主要申请人及技术分析

图5.3所示为该领域内专利申请的主要申请人的分布情况,排名前3位的分别是LG电子株式会社、北京邮电大学和本源量子。专利中涉及的技术功效主要包括改变传统信道、词法分析、代码生成方法和节点信息等,产生的技术效果涉及减少资源占用、避免重复劳动等。

4. 重点专利分析

表5.1所示的两件专利文本,主要涉及中间代码的生成优化及处理,具体方法为:

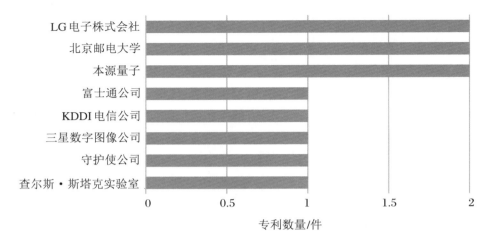

图5.3 中间代码生成优化技术专利申请人排名

表 5.1 中间代码生成与优化重点专利

序号	申请号	申请日	来源
1	CN202010545894.8	2020-06-16	中国
2	CN201910495379.0	2019-06-10	中国

（1）获得量子程序的源代码,源代码的逻辑结构至少包括:量子分支结构、量子循环结构和量子逻辑门,对源代码进行词法分析,将源代码分割成多个语法单元(token),对所有的 token 进行语法分析,构建抽象语法树(AST)。AST 包括一个根节点、多个子树节点和多个叶子节点,根节点和子树节点包括语法规则信息,叶子节点包括 token 信息,根据 AST 的各节点信息和预设构造规则,构造源代码对应的中间代码。

（2）获得量子程序的源代码,源代码的逻辑结构至少包括:循环结构,对源代码进行词法分析,得到多个语法单元 token;对 token 进行语法分析,构建句法树,基于句法树对源代码进行语义分析,确定源代码变量、表达式、函数分别对应的类型。类型至少包括辅助类型和经典类型,根据变量、表达式、函数分别对应的类型,将源代码编译为特定形式的中间代码,且中间代码的逻辑结构不包括循环结构。利用此方法能够从用户编程层面解决当前"需要严格区分类型"的难题。

5.2.1.2 即时编译（JIT）

一个程序在运行的时候创建并运行了全新的代码,这些代码并非那些最初作为这个程序的一部分而保存在硬盘上的固有代码,该过程叫作即时编译。它不仅生成新的代码,还会运行新生成的代码。

1．专利申请态势分析

在量子计算领域中，截至 2020 年 10 月，有关即时编译的专利申请不多，全球共有 27 件专利申请，其申请态势如图 5.4 所示。

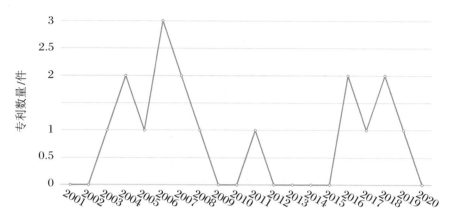

图 5.4　即时编译技术专利申请态势

由图可知，该技术领域的专利申请数量整体呈上升态势，2002 年开始出现专利申请，但长时间内专利的申请数量不多。

2．专利申请来源分析

图 5.5 所示为该领域内专利申请来源的分布情况，中国、美国、日本三国在该领域均有专利布局，且日本专利数量最多。从整体来看，各方的专利数量都较少。

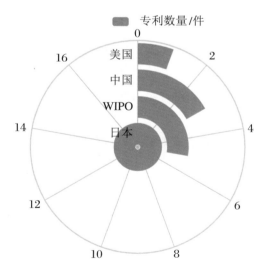

图 5.5　即时编译技术专利申请来源分布

3. 主要申请人及技术分析

图 5.6 所示为该领域内专利申请的主要申请人的分布情况,排名前 3 位的均为日本公司。专利中涉及的技术功效主要包括量子密钥分发、编码理论、加密算法和图像处理等,产生的技术效果涉及保障信息安全、提高稳定性和提升效率等。

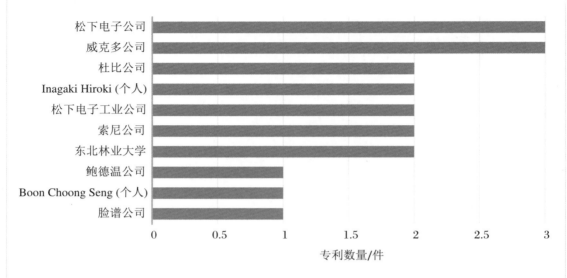

图 5.6 即时编译技术专利申请人排名

5.2.1.3 量子线路编译优化与校准

量子线路作为大部分量子算法的记录形式,实际上是不能直接在量子硬件上执行的。最直接原因是量子硬件接收的控制信号并不是量子线路而是脉冲信号。此外,不同的硬件实现所支持的量子逻辑门的设置也可能有所不同,不同量子逻辑门在不同硬件上的保真度也有差别。

量子线路的优化就是对目标量子逻辑门进行分解并得到化简线路的过程。

1. 专利申请态势分析

在量子计算领域中,截至 2020 年 10 月,有关量子线路编译优化与校准的专利申请数量全球共有 151 件,其申请态势如图 5.7 所示。

由图可知,该技术领域的专利申请数量整体呈上升态势,2001 年开始出现专利申请,长时间内专利的申请数量增加不多。

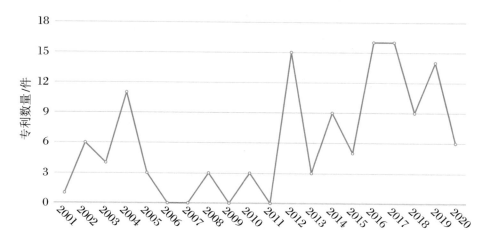

图 5.7　量子线路编译优化与校准技术专利申请态势

2. 专利申请来源分析

图 5.8 所示为该领域内专利申请来源的分布情况,世界各主要国家(组织)在该领域均有专利布局,美国以 66 件专利独占鳌头,日本以 30 件次之,中国近年来呈追赶之势,以 17 件专利位列第三。从整体上看,各方在该领域的专利数量都较少。

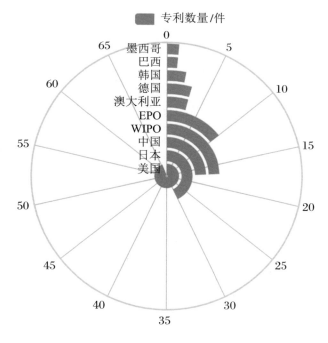

图 5.8　量子线路编译优化与校准技术专利申请来源分布

3. 主要申请人及技术分析

图 5.9 所示为该领域内专利申请的主要申请人的分布情况,排名前 3 位的分别是英特尔公司、富士通公司和 IBM。

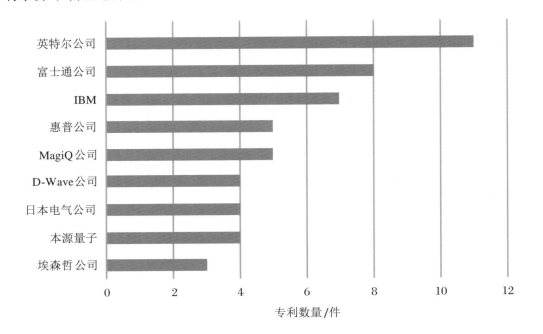

图 5.9　量子线路编译优化与校准技术专利申请人排名

由图 5.10 可知,专利中涉及的技术功效主要包括优化电路、存储器、低温超导体和传输线等,产生的技术效果涉及提高量子程序的计算效率、不易受磁通噪声影响、具有更长的相位退相干时间等。

4. 重点专利分析

(1) 申请号为 CN201910865893.9 的中国专利申请。

该专利名称为"面向嘈杂中型量子设备的逻辑-物理比特重映射方法",公开了一种面向嘈杂中型量子设备的逻辑-物理比特重映射方法,针对量子硬件存在的限制,旨在使量子程序得以在量子设备上有效执行,通过改变量子指令次序和插入 SWAP 操作完成必要的重映射,使得量子程序适应量子设备的限制,并使执行时间和量子门的数目等执行代价尽可能小。

量子计算机在 2018 年进入嘈杂中型量子(NISQ)阶段。该阶段的量子计算机的特点包括:① 由 50～100 个量子比特构成。量子比特数一方面已经超过经典计算机在合理时间能模拟的上限,另一方面远不足以完成和经典计算机类似的比特纠错功能。② 硬件含有大量噪声,导致信息失真。处于叠加态的量子比特会随时间推移、与周围环境产生纠缠而导致量子比特中储存的信息失真(量子的退相干性)。此外,由于量子门受限于硬件,其执行时也存在一定的错误率,进一步导致量子比特储存的信息失真。

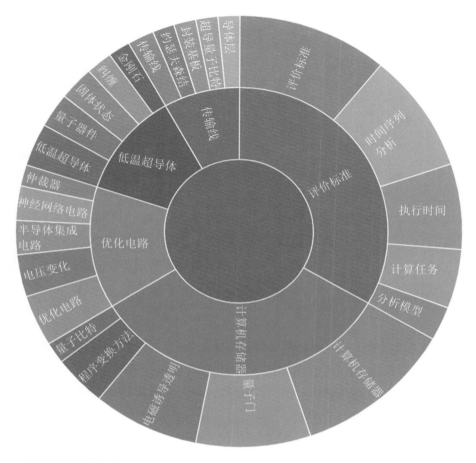

图5.10　量子线路编译优化与校准技术专利技术功效图

此外,不同量子系统物理实现下的多个量子比特在布局和支持的量子门种类及操控上有不同的特点和限制。直接施加于多个量子比特的多量子门在物理上难以实现,目前仅支持有限的双量子门(如量子受控非门CNOT),且其仅能作用于某些量子比特对上。这样的量子比特对涉及的两个量子比特是相邻的。不同种类的量子门、甚至作用在不同量子比特位置的同一种量子门,在执行时间和引入的失真率等方面可能各不相同。

量子算法的设计和编程人员往往并不了解或很难理解量子硬件上的限制。一般来说,量子程序中使用的量子比特被称为逻辑比特,它不受量子硬件限制的影响;实际量子硬件中的受限量子比特被称为物理比特。量子程序中作用在逻辑比特上的量子门被称为逻辑门；作用在物理比特上的门被称为物理门。为了使量子程序得以在量子硬件上执行，量子程序编译系统需要在其后端进行逻辑-物理比特映射和量子线路变换。

图 5.11 所示为量子程序的编译和执行过程。

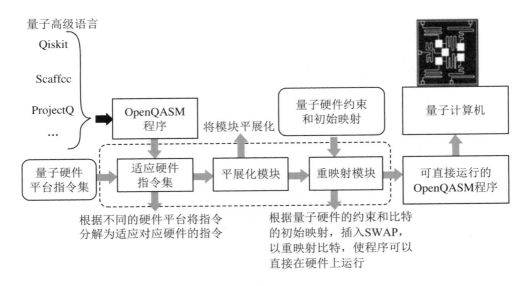

图 5.11　量子程序的编译和执行过程示意图

量子程序是通过手工编写或由高级语言编译生成的线路级量子汇编程序（以 Open-QASM 为例）。首先，要对量子程序进行预处理，使其适应目标平台的指令集，并平展化（通过图 5.11 所示的平展化模块实现）为连续顺序执行的逻辑门序列；在预处理期间，还可以对量子程序实施其他优化技术。此后，预处理后的量子程序经初始映射与重映射（通过图 5.11 所示的重映射模块实现）得到作用在物理比特上的指令序列。初始映射负责在程序开始执行时将程序中的逻辑比特映射到物理比特，映射后的结果可能存在双量子门作用于不相邻的物理比特。重映射算法根据输入的初始映射和逻辑门序列，得到满足物理比特约束的指令序列，其中部分指令可以并行执行。重映射的输出会标注最大并行化下所有指令的计划开始时间与结束时间来作为硬件发射指令的参考时间，这里的时间是相对时间。

因为量子程序中的量子门之间可能存在的并行性以及某些量子门对之间的可交换性，所以在不改变程序语义的条件下每个时刻可以开始执行的量子门往往有多个。重映射算法需要为希望开始执行，但因硬件几何限制（如所作用的量子比特不相邻）而无法执行的逻辑门安排路由。对于已经满足几何限制且可以执行的逻辑门，重映射算法会安排原位执行所要求的量子门；对于因硬件限制而无法原位执行的逻辑门，算法将按照一种启发式策略安排路由,将逻辑比特重映射到另一位置的物理比特并执行所要求的量子门。为了使路由路径尽可能合理,重映射算法会尽可能多地考虑路由对接下来可能执行的量子门的影响,并合理安排指令执行次序。因此,算法需要了解究竟哪些量子门的次序可以被改变、拟实施的路由对后续量子门的影响等。

（2）申请号为 CN201910810035.4 的中国专利申请。

该专利名称为"一种量子程序的处理方法、装置、存储介质和电子装置",公开了一种对量子程序中的量子逻辑门进行合并并得到合并后的量子程序,划分合并后的量子程序中的所有量子逻辑门的执行时序的方法。其中,至少有两个量子逻辑门处于同一执行时序。利用此方法能够提高量子程序的计算效率。

图 5.12 清晰地表现出量子比特执行的量子逻辑门及时序情况。0、1、2、3、4 分别代表量子比特 q_0、q_1、q_2、q_3、q_4,横线表示量子比特执行量子逻辑门的先后时序。

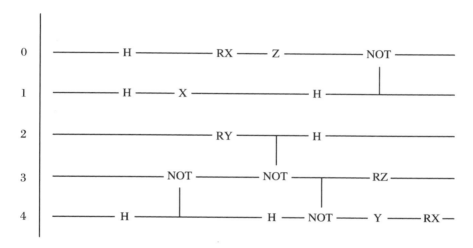

图 5.12　一段量子程序对应的量子线路示意图

在实际应用中,不同量子比特分别执行的量子逻辑门操作可以同时进行,但 1 个量子比特同时只能进行 1 个量子逻辑门操作。1 个量子比特先后进行的相邻的单量子逻辑门操作可以进行合并,且不影响量子程序的运行结果。基于该特性,可以遍历量子程序,首先确定每个量子比特分别执行的所有量子逻辑门,目的是找到每个量子比特先后总共执行了哪些量子逻辑门,用于后续合并相邻的单量子逻辑门,从而得到图 5.13 所示的划分时序后的量子线路。

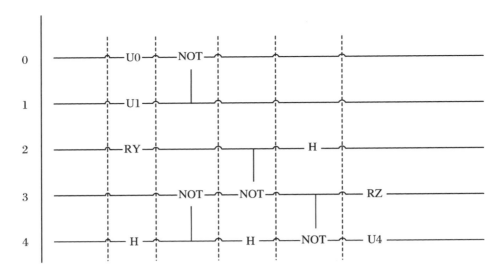

图 5.13　一种划分时序后的量子线路示意图

5.2.2　量子编程语言

随着量子计算技术的不断发展,各种量子计算机编程语言应时而生,全球量子计算领域的竞争增添了一个新的维度——量子编程语言。

类似于经典计算机,量子计算机也需要一种"语言"来与其交流,这个"语言"即量子编程语言。编程语言通过发送指令并从量子计算机接收输出来达到与量子计算机交流的目的。编程语言有不同的级别,既有向计算机提供特定指令的汇编语言(也称量子机器指令集),又有可以进行底层编程量子算法的高级语言。

量子计算机实际上是由量子设备(硬件)和经典计算机组成的混合系统,汇编语言将指令发送到硬件并接收和处理结果(软件)。量子语言与传统软件相对应,而有的语言库则是使用某些知名编程语言如 Python、C++ 、MATLAB 等编写的,这些语言可帮助用户构建、编写量子算法。

在真正的量子设备出现之前,量子语言就已经存在了,被用来在经典计算机上模拟量子算法。一些公司开发了自己的编程语言来使用它们生产的设备,这促进了更多编程语言的创建。这些语言试图结合现有语言的一些元素,使其可以用于任何后端,这样的语言被称为通用量子语言(Universal Quantum Languages)。

更加通用的量子语言是可以被创建的,因为任何人都可以通过使用 GitHub 这样的平台来改进和扩展这些语言。量子计算是一个相对较新的领域,它引入了新的计算范式,运行量子算法的技术完全不同,最终的编程语言应满足所有可能用户的需求。然而,在传统编程和量子编程之间建立并行性十分不易。

接下来介绍目前主流的量子计算公司所使用的量子语言。

5.2.2.1 IBM

Qiskit 是 IBM 开发的一个开放源代码的量子计算软件开发框架,利用当今的量子处理器在研究、教育和商业等领域开展工作,可用于编写、模拟和运行量子程序的全栈库。该工具包含四个部分:

(1) Terra,允许在量子门和脉冲级别编程(量子门通过脉冲序列实现);

(2) Aqua,包含一个跨域量子算法库,可以在其上构建量子计算的应用程序;

(3) Ignis,检查错误并改进门的实现;

(4) Aer,研究用经典设备模拟量子计算的局限性。

Qiskit 将量子程序转换为一种名为 QASM 的量子指令语言。

5.2.2.2 Rigetti 公司

美国的量子计算公司 Rigetti 创建了 Forest,这是一个用于编写和运行量子程序的开发环境,可以实现量子线路的计算模拟、含噪声的量子逻辑门计算模拟、量子芯片的云端运行等功能。该公司的量子设备使用名为 pyquil 的 Python 库进行编程,该库将根据量子门编写的程序转换为名为 quil 的较低级语言。pyquil 虽然功能相对较少,但上手比较简单。除此之外,该公司还开发了 Grove 库,其中包含用于量子化学的算法(如用于量子化学的变分量子本征求解器)以及用于优化问题的量子优化算法(QAOA)。

5.2.2.3 微软公司

微软公司提供了 Quantum Development Kit(QDK)量子程序开发套件,可用其进行量子编程。QDK 包括:Q♯(微软公司推出的一种新的高级量子编程语言),Q♯ 具有与 Visual Studio 和 Visual Studio Code 相似的集成,以及与 Python 编程语言的互操作性。企业级开发工具提供了在 Windows、MacOS 或 Linux 上进行量子编程的最快途径。

应用程序以 Python 或 NET 语言编写,用于运行 Q♯ 编写的量子运算程序。用户可根据不同的开发环境执行不同的安装,以便进行量子程序开发。

微软公司提供的量子开发套件包括量子模拟器、实现量子算法的库、Q♯ 的全栈量子编程语言,该语言可通过单独下载的扩展程序获得。微软公司仍在使用拓扑量子比特来开发其量子计算机,所以微软公司目前提供了一个运行量子程序的量子模拟器。

5.2.2.4 D-Wave 公司

D-Wave 公司的软件环境包括一种被称为 qbsolv 的量子语言,它能够帮助用户将 QUBO 问题(其量子退火器要解决的问题的类型)映射到 D-Wave 设备的量子比特,连接并将程序转换为量子指令语言。D-Wave 公司还提供了一些更高级别的库来解决一些被称为 QSage 和 ToQ 的优化问题。

5.2.2.5 谷歌公司

Cirq 是谷歌公司专为 NISQ 算法打造的框架。它由一个 Python 库组成,用于编写、操纵和优化线路,并再次运行它们,以运行量子计算机和模拟器。允许开发者为特定的量子处理器编写量子算法,为用户提供对量子电路(Quantum Circuits)的精确控制。为了编写和编译量子电路,其数据结构经过专门优化,让开发者能更加充分地利用 NISQ 架构。Cirq 支持在模拟器上运行这些算法,旨在通过云端轻松地与未来的量子硬件或更大的模拟器进行集成。目前,一些公司和组织已使用它来运行谷歌量子设备。

5.2.2.6 Xanadu 公司

Xanadu 公司开发了 Strawberry Fields,这是一个专门针对连续变量量子计算的全栈库,该库可用于光子量子计算机。量子线路使用 Blackbird 量子编程语言编写,该语言是其量子设备的汇编语言。

5.2.2.7 本源量子

本源量子开发了 QRunes 语言,该语言用于编写和运行由量子编程框架 QPanda 构建的量子程序,QPanda 是由本源量子开发的一个高效、便捷的量子计算开发工具库,可以用于构建、运行和优化量子算法。为了让用户更容易地使用 QPanda、更便捷地进行量子编程,它屏蔽了复杂的 C++语法结构,用户甚至不需要了解所谓的面向对象,只需要学会如何把量子编程中用到的接口调用一遍就可以进行量子计算。QPanda 作为本源量子量子计算系列软件的基础库,为 QRunes、Qurator 量子计算服务提供核心部件,该语言是其量子设备的汇编语言。

5.2.2.8 华为公司

华为公司的 HiQ 是用于量子计算的开源软件框架。它是通过使用传统硬件或实际量子设备来促进发明、实施、测试、调试和运行量子算法的工具。它可提供经典、量子混合编程的可视化方案、高性能的 C++并行和分布式模拟器后端,并集成高性能优化器和较为丰富的算法库。

5.2.2.9　百度公司

Paddle Quantum 是一个基于百度开源框架 Paddle 的机器学习库,支持量子神经网络的搭建与训练。该机器学习库提供了量子机器学习(Quantum Machine Learning,QML)开发者套件,为各种量子应用开发提供了应用工具包。

当下的量子语言呈现百花齐放的状态,每家公司都开发了针对其设备进行编程的语言。量子设备仍在不断发展,量子语言也在不断进化。未来,哪家量子科技公司的编程语言能够成为通用编程语言,或者新的编程语言能够力压群雄并成为真正的量子通用编程语言,这一切尚不可知。与经典编程语言一样,量子编程语言最终亦将经历市场选择,只有最常用的才能生存下去。

以下将围绕量子编程语言来梳理其中的核心技术及其专利分析。

5.2.3　类型系统

以本源量子的 QRunes 语言为例,其分为辅助类型语言和经典类型语言。辅助类型用于描述经典变量,有助于构建量子程序,这些变量是在量子程序传输到量子设备之前确定的。在量子语言建模系统中,未考虑辅助类型,相反,变量的处理由宿主语言或编程接口维护。经典类型用于处理量子计算机中的经典位或变量,在物理底层实现中,量子芯片并不能单独工作,这是因为控制和测量信号由一组嵌入式设备进行处理,测量结果被暂时保存在这些设备的内存中,旨在实现量子程序的反馈控制,如 qif 和 qwhile。量子比特是脆弱的,在纳秒到微秒内就会崩溃,比量子比特系统执行反馈所需的时间短得多,这就要求使用嵌入式器件来实现量子芯片控制,以满足系统的反馈要求。

5.2.3.1　专利申请态势分析

在量子计算领域中,截至 2020 年 10 月,有关量子编程语言类型系统的专利申请共有 204 件,其申请态势如图 5.14 所示。

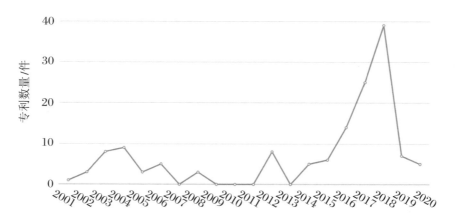

图 5.14　量子语言类型系统技术专利申请态势

由图可知,该技术领域的专利申请数量整体呈上升态势,2001 年开始出现专利申请,2018 年达到近年来的最高点,但长时间内专利的申请数量仍然不多,且近年来专利申请数量呈现减少的态势。

5.2.3.2　专利申请来源分析

图 5.15 所示为该领域内专利申请来源的分布情况,世界各主要国家(组织)在该领域均有专利布局,美国以 68 件专利独占鳌头,日本以 61 件次之,中国以 19 件专利技术位于第三。从整体上看,除美国和日本外,各方在该领域的专利数量都较少。

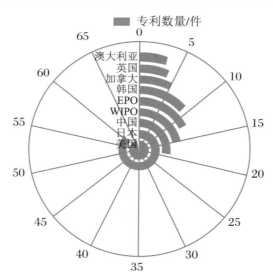

图 5.15　量子语言类型系统技术专利申请来源分布

5.2.3.3 主要申请人及技术分析

图 5.16 所示为该领域内专利申请的主要申请人的分布情况。由图可知,排名前 3 位的分别是 D-Wave 公司、松下电器公司和微软技术许可公司。

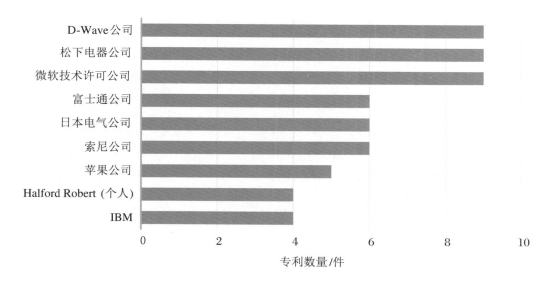

图 5.16 量子语言类型系统技术专利申请人排名

如图 5.17 所示,专利中涉及的技术功效主要包括开发系统、数据保护、矢量量化等,产生的技术效果涉及提高计算资源利用率、易于编写程序、提高适应性和安全性等。

申请号为 CN201880077272.8 的中国专利申请,其名称为"软件限定的量子计算机",公开描述了软件限定的量子计算机的各个方面。例如,描述了软件限定的量子计算机和可扩展/模块化量子计算机,以及软件限定的量子架构、资源管理器工作流、量子编译器架构、硬件描述语言配置、应用程序编程接口(API)访问点的级别和软件限定的量子架构中的异常处理。

系统可以加载或启用多达 m 个量子位,然后控制 n 个量子位的任何子集(参见图 5.18 中的量子位),其中 $m \geq n$。

(1) 首先,硬件描述语言可以用于软件限定的量子计算机,以配置可用于软件限定的量子计算机的各种资源,使其可以执行特定的任务、功能、程序或例程。其次,硬件描述语言可用于动态配置软件限定的量子计算机,可以在运行中调整计算的大小。例如,量子位的数量,在任何时间点从某一种大小改变为其他大小。再次,硬件描述语言可以指定软件限定的量子计算机的结构和行为。此方法不同于传统的量子计算机,在传统的量子计算机中,配置是僵化的并由硬件固定。然而,可以使用硬件描述语言或量子硬件描述语言等以类似于配置现场可编程装置的方式来配置软件限定的量子计算机。这样,就可以根据所执行的具体操作的需要,将软件限定的量子计算机配置为加载,使用 10 个量子位、20 个量子位、100 个量子位或任意数量量子位。

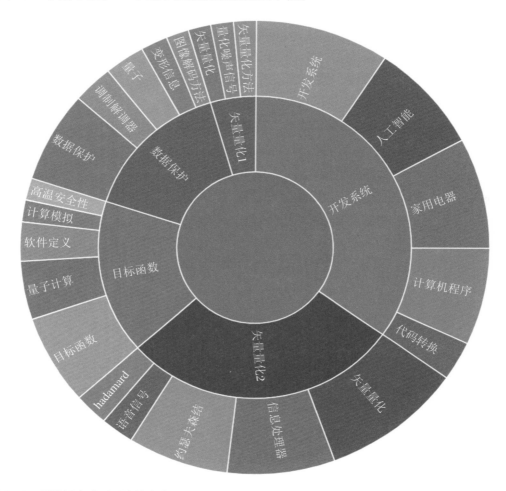

图 5.17　量子语言类型系统技术专利技术功效图

（2）量子位之间具有可用的所有交互通常可以关闭。换句话说,每个量子位都可以与剩余量子位的子集(包括单个其他量子位)或与剩余量子位交互或形成某种连接(图5.18 所示的连接或交互(140)),也可以由控制单元(图 5.18 所示的控制单元(120))打开或启用,以影响针对一组量子位的某些指令的开启或关闭(如一组逻辑门)。其原理是通过对控制单元进行编程的方式来确定每个指令的性质,以生成执行指令的必要控制信号。例如,程序(110)提供的编程指令(115)可以反映该组指令,且控制单元(120)可以处

量子计算技术应用与专利分析
Technology Application and Patent Analysis of Quantum Computing

理编程指令(115),以生成适当的控制信号(125)来执行该组指令。

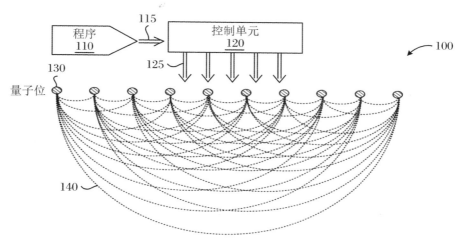

图 5.18　软件限定的量子计算机的示例图

（3）在一个实施方式中,该组指令可以被描述为代数形式的量子门集合,其中每个门对量子位的量子输入执行离散指令,以生成量子位的输出状态。

（4）在另一个实施方式中,该组指令可以被描述为广义上限定的参数化的连续量子门的集合,每个门对量子输入的执行都依赖于具体参数。例如,与哈密顿量(Hamiltonian)相关联的 QC 中的一组量子位的预定演变由指示演变性质的连续变量来实施。

（5）该组量子位的时间演变可以是绝热的（如绝热的时间演变）、非绝热的（如非绝热的时间演变）或介于两者之间的（如绝热/非绝热的时间演变或混合的时间演变）,只要它们被明确限定即可。

（6）在另一个实施方式中,该组指令可以是量子逻辑门和哈密顿量演变的组合。该组合可以是时间的、空间的或两者兼而有之。

（7）扩展或可扩展系统也可以被视为本专利描述的量子计算机的一部分。整个复合系统由一组单独组成的量子位系统构建而成,各量子位系统之间的量子连接是通过组成的量子位系统的子集之间的共享纠缠或通过在组成的量子位系统之间的物理移动量子位来建立的。

图 5.19 中的单个控制单元(122)可以代表若干个控制单元(120)的实施方式。这些控制单元(120)虽然在物理上和/或逻辑上是彼此分开的,但是可以在更高级别的结构内被组织或实施,在这种情况下可视为单个控制单元(122)。例如,控制单元(122)包括控制单元 120a、120b……120k,它们也可以被称为控制单元(122)的子控制单元或子单元。在此示例中,每个控制单元(120a、120b……120k)可以处理控制单元(122)接收的编程指

令(115)的一个子集,或者接收自己的单独的一组编程指令(115)。

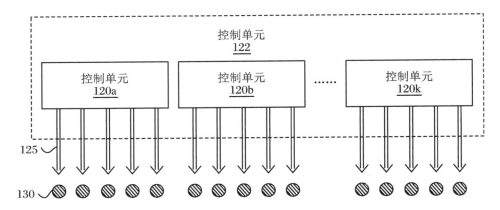

图 5.19　控制多个区域的量子位的示例图

各个控制单元(120a、120b……120k)是独立可编程的,并且可以用来控制(如使用控制信号(125))单独一组量子位(如量子位(130))。量子位的数量对于所有控制单元而言可以相同,也可以在各个控制单元之间变化,这取决于所接收的编程指令,以及控制单元(120a、120b……120k)中的相应一个可以加载或启用的量子位的最大数量。

图 5.20 所示为顶级的客户端(510),其后是 Rest API (520)、量子编程语言(QPL)(530)、高级中间表达(HLIR)(540)、用于软件限定的架构的中级中间表达(MLIR)(550)、量子硬件定义/描述语言(HDL)(560)、低级中间表达(LLIR)(570)、量子控制系统语言(580)、最低级的机器代码(590)。

在理想系统实施方式中,可以不通过最高级别的 API(如 520)来显示软件限定的量子架构。可以将使用 QPL(如 530)编写的代码翻译作为高级中间表达(540),其仍可以采用理想的量子架构。通过访问软件限定的量子架构的语言基元的解释器可以将代码翻译为中级中间表达(550),然后将该中级表达翻译成硬件描述语言(HDL)或量子 HDL(QHDL)的量子版本(560)。需要使用鲁棒性类型系统来限制程序员的错误从软件限定架构的高级中间表达传播到中级中间表达。鲁棒性类型系统的开发可以通过应用类型理论来完成。这些被应用的标准逻辑语言是 Floyd-Hoare 逻辑和直觉类型理论。虽然将 Floyd-Hoare 逻辑用于命令式中级中间表达可能是很自然的,但如果该表达具有分布式量子计算机的功能元素,则可以从直觉类型理论的使用中受益。如上所述,在使用QHDL 后,可以获得或应用低级中间表达(570)、量子控制系统语言(580)和机器代码(590)。

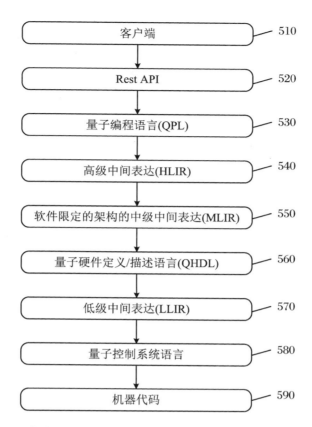

图 5.20　各方面的应用程序编程接口(API)访问点的级别示例图

需要说明的是,此件专利在全球 6 个国家(组织)有布局,如表 5.2 所示。

表 5.2　CN201880077272.8 同族专利列表

序号	标题	申请号	申请日
1	软件限定的量子计算机	EP18816448	2018-11-27
2	软件限定的量子计算机	KR1020207018088	2018-11-27
3	软件限定的量子计算机	CN201880077272.8	2018-11-27
4	软件限定的量子计算机	AU2018375286	2018-11-27
5	软件限定的量子计算机	WOUS18062553	2018-11-27
6	软件限定的量子计算机	US16199993	2018-11-26
7	软件限定的量子计算机	US62591641	2017-11-28

5.2.4 量子模拟器

通过在经典计算机上运行量子模拟器来在量子系统上模拟量子算法的运行。量子模拟器提供了一种解决方案:使用可控制良好的粒子来模拟真实系统的重要特性,以便更好地理解这些特性。计算机是计算和模拟物理过程的重要工具。模拟的目的是从众所周知的基本物理定律中推导出系统的相关属性,而不用实际完全复制系统。当模拟遵循量子力学定律的系统的性质时,验证了对"模拟装置"的新要求。通过量子模拟器可以探索模拟对象的属性,而不会遇到空间和数据处理问题。

虚拟机由控制模块和多个量子处理模块构成,可以通过控制模块接收待处理量子程序,并控制一个或多个量子处理模块来运行待处理量子程序。因为量子虚拟机无需同时进行其他的运算任务,并且可以根据待处理量子程序分配一个或多个量子处理模块来运行该待处理量子程序,所以可实现高效运行量子程序的目的。量子虚拟机的应用指令集和真实量子计算机的指令集是一致的,在虚拟机上开发的量子程序可以无缝运行在真实的量子计算机上,这为未来在真实的量子计算机上运行量子应用程序提供了基础。量子虚拟机的种类如图 5.21 所示。

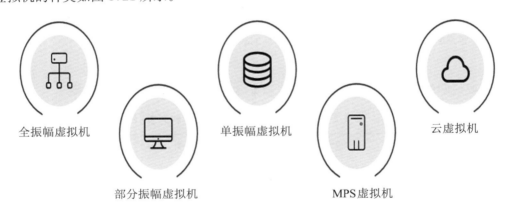

全振幅虚拟机　　　　　　单振幅虚拟机　　　　　　云虚拟机

部分振幅虚拟机　　　　　　MPS虚拟机

图 5.21　量子虚拟机的种类

全振幅量子虚拟机一次可以模拟计算出量子态的所有振幅,计算方式支持 CPU 和 GPU,可以在初始化时进行配置,使用方式与经典计算机是完全一样的,只是其计算效率不同。全振幅模拟器可以同时模拟和存储量子态的全部振幅,但受限于机器的内存,量子比特达到 50 位已是极限。全振幅模拟器适合低比特、高深度的量子线路,如低比特下的谷歌随机量子线路,需要获取全部模拟结果的场景等。

全振幅一次模拟计算就能算出量子态的所有振幅,单振幅一次模拟计算只能计算出 2^N 个振幅中的一个。然而全振幅模拟量子计算耗时较长,计算量随量子比特数的增加呈指数级增长,在现有硬件条件下,无法模拟超过 49 位量子比特。通过单振幅量子虚拟机技术可以模拟超过 49 位量子比特,同时模拟速度有较大提升,且算法的计算量不随量子比特数的增加呈指数级增长。单振幅模拟器能模拟更高的量子比特线路图,模拟的性能较好,计算量也不会随着量子比特数的增加呈指数级增长,但随着线路深度的增加,模拟性能会急剧下降,并且难以模拟多控制门也是其缺点。该模拟器适用于高比特、低深度的量子线路模拟,通常用于快速地获得单个量子态振幅模拟结果。

目前,用经典计算机模拟量子虚拟机的主流解决方案有全振幅与单振幅两种。此外,还有部分振幅量子虚拟机。该方案能在更低的硬件条件下,实现更高的模拟效率。部分振幅模拟器依赖于其他模拟器提供的低比特量子线路振幅模拟结果,能模拟更高的比特数量,但能模拟的深度降低,通常用于获取量子态振幅的部分子集模拟结果。

图 5.22 形象地展示了全振幅量子虚拟机、部分振幅量子虚拟机和单振幅量子虚拟机的区别。

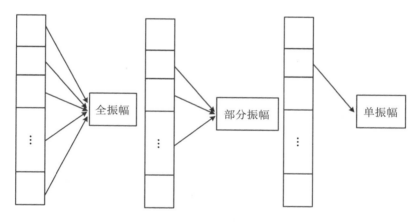

图 5.22   全振幅量子虚拟机、部分振幅量子虚拟机和单振幅量子虚拟机的区别

张量网络量子虚拟机:张量网络模拟器与单振幅量子虚拟机类似。与单振幅量子虚拟机相比,它可以模拟多控制门,同时在深度较高的线路模拟上存在性能优势。

量子云虚拟机:量子云虚拟机可以将任务提交到远程高性能计算集群上运行,突破本地硬件性能限制,同时支持在真实的量子芯片上运行量子算法。

5.2.4.1　专利申请态势分析

在量子计算领域中,截至 2020 年 10 月,有关量子虚拟机的专利申请较少,全球共有 30 件专利申请,其申请态势如图 5.23 所示。

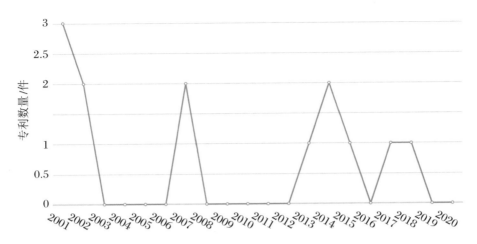

图 5.23 量子虚拟机技术专利申请态势

由图可知,该技术领域的专利申请整体数量不多,同时可以看出,在较长时间内没有出现新的技术迭代。2005 年开始出现专利申请,但长时间内专利申请的数量较少。

5.2.4.2 专利申请来源分析

图 5.24 所示为该领域内专利申请来源分布情况,美国与加拿大在该领域有专利布局,且差距不大,中国仅有 1 件专利申请。从整体来看,各方的专利数量都较少。

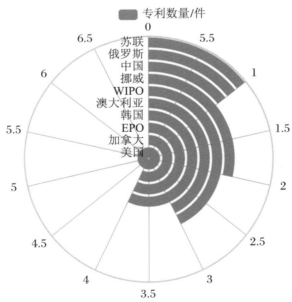

图 5.24 量子虚拟机技术专利申请来源分布

5.2.4.3 主要申请人及技术分析

图 5.25 所示为该领域内专利申请的主要申请人的分布情况。

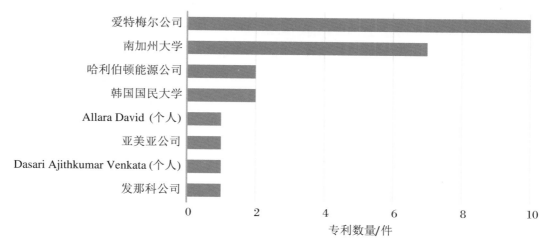

图 5.25　量子虚拟机技术专利申请人排名

需要说明的是，近年来，随着中国对量子计算的重视和关注，来自中国的公司开始布局量子虚拟机领域。近年来，本源量子在量子虚拟机、用于统一量子计算机和量子虚拟机的接口系统、含噪声量子虚拟机等领域布局相关专利，产生的技术效果涉及实现高效运行量子程序、提高量子虚拟机的计算能力与计算效率、实现量子程序的复用等。

最终的量子计算机中不可能只有量子比特，会有传统的 CPU，也会有 GPU，它们可能在一起工作。那么，这些不同的计算部件之间如何进行交流？在计算过程中，一个部件能够调用另一个部件吗？比如，CPU 该如何调用量子芯片进行特定的计算？从而既可以充分利用传统 CPU 的优势，又可以实现对量子芯片的控制。

本章小结

量子计算作为一项革命性技术，被主流科技界认为是下一代信息技术的核心内容。它能够在众多关键技术领域提供超越经典计算机极限的核心计算能力，一旦实现突破，就会使掌握这种技术的企业迅速建立起全方位的战略优势，并迅速占领下一代信息技术产业的制高点。

　　量子计算领域正以前所未有的速度向前发展，其对新材料研发、生物医疗、金融分析和人工智能等诸多领域的颠覆性影响已开始显现。量子计算技术的潜力引起了中国、美国、欧盟国家、日本、俄罗斯等的高度重视，各科技巨头也在加速布局量子计算。受制于量子计算机的高昂造价和严苛的硬件运行环境，量子计算机很难像手机、个人电脑那样普及。然而，量子计算软件的发展，为普通用户学习量子计算、编写量子程序、验证量子算法提供了途径。因此，加速量子计算软件专利布局的重要性日益凸显。

第6章

量子计算应用专利分析

当前量子计算处于技术发展的早期阶段,技术涉及领域广,概念原理复杂,应用场景丰富,但大多处于原理样机阶段,产品进入商业化、产业化领域较少。本章从量子算法应用、生物科技应用、人工智能科技应用和量子云应用四个技术领域进行分析。

6.1 量子算法应用

6.1.1 技术概况

量子算法是在现实的量子计算模型上运行的算法,最常用的模型是计算的量子电路模型。经典(或非量子)算法是一种有限的指令序列,或一步一步地解决问题的过程,每一步指令都可以在经典计算机上执行。量子算法是一个逐步的过程,每个步骤都可以在量子计算机上执行。虽然所有经典算法都可以在量子计算机上实现,但量子算法通常被用于那些看起来是面向量子的算法,或者使用了量子计算的一些基本特性,如量子叠加或量子纠缠。使用经典计算机无法判定的问题,在使用量子计算机时依然无法确定。量子算法能够比经典算法更快地解决一些问题,因为量子算法所利用的量子叠加和量子纠缠不可以在经典计算机上有效模拟。

量子计算近年来受到了极大关注,根本原因在于其具有强大的并行性,可以在有效时间内解决一些经典计算机不能有效解决的问题。例如,Shor 算法可以在多项式时间内解决大数因子分解问题,从而对现代的密码形成极大威胁。然而,量子计算的并行性并不可以直接利用,需要根据拟解决的问题通过巧妙的算法设计才可能实现。即便量子计算机研制成功,如果没有相应的量子算法,那么量子计算的潜能也得不到实质性发挥。

追溯量子算法的发展大致可分为三个阶段:

(1) 量子算法的第一阶段(1985—1994),又称初始阶段,其特点是"为量子而问题",即为了展示量子计算的优势而构造出一些数学问题并为其设计量子算法,这些问题在当时可能并没有实用价值。最早的量子算法可以追溯到 1985 年的 Deutsch 算法。1985年,David Deutsch 在其关于量子图灵机的开创性论文中给出一个简单问题,并为它设计了一个量子计算过程,通过利用量子叠加和干涉现象来展示量子计算可能超越经典计算的优势,这为后续量子算法设计埋下了思想的种子。虽然在今天看来,Deutsch 算法非常简单,甚至让人觉得一切都是理所当然的,但是在当时能够将第一个量子算法雏形设计出来是需要非凡的洞察力和创造力的。后来的 Deutsch-Jozsa 算法、Simon算法等面向更复杂的问题并在某种意义上展现出量子计算相较于经典计算的指数级加速优势。

这里对 Simon 算法多说几句。它可能是一个有点被人们忽视的量子算法。实际上,Simon 算法直接促使了著名的 Shor 算法的发明,这一点无论是在 Shor 算法的原文中,还是在一些知名学者写的量子计算方面的书里都有非常明确的记载。另外,Simon 算法近年来在密码破译方面得到直接应用。虽然它所解决的问题在提出之初并没有明显的应用场景,然而近几年基于 Simon 算法进行密码破译的研究在不断推进,在密码学顶级会议 Crypto 上发表了相关研究的论文。

有趣的是,Simon 算法的发明者 Daniel R. Simon 除了提出该算法之外似乎并没有其他关于量子计算的成果。也许他只是在量子计算的花园里丢下一粒种子就走的游客,幸运的是这粒种子已经发芽、开花。

(2) 量子算法的第二阶段(1994—2009),又称质变阶段,其特点是"为问题而量子",即针对具有重要应用价值的问题来设计量子算法。1994 年,Shor 算法展示出大数分解问题可以被量子计算机在多项式时间内解决,而该问题在经典计算机下的难解性是 RSA 公钥密码系统安全性的理论基础。1996 年,Grover(格罗弗)发现了无序数据库搜索的平方加速量子算法,使得在无序数据库中"大海捞针"成为可能。这些算法所解决的问题具有广泛的应用价值,因此备受关注,从而大大地推动了整个量子计算领域的发展。后续的不少研究就是聚焦于如何把以上两个算法映射到更多具有实际价值的问题上。另外,此阶段提出的"量子游走"也是进行量子算法设计的一类重要工具。

(3) 量子算法的第三阶段(2009 年至今),又称新的发展阶段,其特点是面向大数据环境。2009 年,解线性方程组量子算法(HHL 算法)的提出标志着量子算法的发展进入了第三阶段。HHL 算法或许并不能与 Shor 算法、Grover 算法相媲美,但是在人们苦苦等待新的量子算法出现达 10 多年之后,HHL 算法不失为一条新的路径,它也许是将量子模拟应用于数据处理的范例。量子模拟是量子计算的一个重要方面,涉及各种模拟算法研究,不过因为其与物理过程更加相关,而本书则侧重于利用量子技术进行经典数据处理,所以此处不作重点介绍。

因为人工智能与大数据领域的诸多方法和技术都与解线性方程组有关,所以 HHL 算法的提出有力地推动了量子计算进入机器学习与大数据处理等领域。量子计算与人工智能的结合已成为近几年的热点话题,图灵奖得主姚启智先生曾多次在报告中提及,这方面的交叉研究毫无疑问地值得深入展开探索。

不过这里需要指出几点:① HHL 算法并未把方程组的解以经典可读取的方式呈现出来,而是将其编码在量子态中,需要经过后续的算法设计来提取我们想要的信息。近年来出现的有关量子机器学习的大量研究主要就是针对 HHL 算法作后续的算法设计。② 目前在量子机器学习方面的一些研究需要提供更缜密的理论分析。③ 量子机器学习在面向实际数据处理问题时要突破输入/输出瓶颈。所谓的输入/输出瓶颈是指,目前大部分的量子机器学习算法要么是把大规模数据集编码为量子态,要么是把问题的解生成在量子态中,所以输入阶段的前处理和信息提取阶段的后处理会耗费大量时间,甚至抵消掉量子算法所节省的时间。

近期,华裔学生 Ewin Tang 受量子推荐算法的启发设计出一个经典算法,它能以与量子算法相近的速度解决推荐问题,从而使受量子启发的经典算法设计(或称量子算法的经典化)进入更多学者的视野。在某些问题上量子计算被证明相较于经典计算有加速优势,但更多的问题研究仍在持续进行,如果量子算法思维能促进经典算法的发展,那么这也是量子计算研究意义的另一种体现。

6.1.2　专利申请分析

6.1.2.1　专利申请态势分析

在量子算法应用技术领域,截至 2020 年 10 月 31 日,全球共有 38 件专利申请。其申请态势如图 6.1 所示。

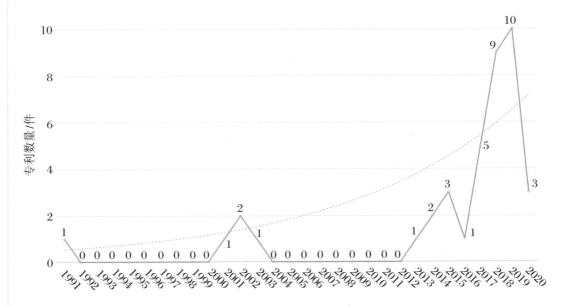

图 6.1　量子算法应用技术领域全球专利申请态势

由图可知,该技术领域的专利申请量总体呈上升态势。在 2010 年以前的很长一段时间内,专利申请量较少,2010 年以后的专利申请量增长较快。结合非专利文献可知,2010 年以后全球掀起了量子计算热潮,且至今热度不减。近年来,多国加快推进量子信息技术研究与应用布局,推动技术研究和应用发展,由于这些国家的政策扶持和财政支持以及各科技巨头加大研发投入,预测未来的专利申请数量仍会保持较大的增长。

6.1.2.2　专利申请来源分析

图 6.2 所示为量子算法应用技术领域全球专利申请来源(国家/组织)分布。美国大

力投入量子计算领域,取得了一系列重要成果并建立起领先优势。加州大学、马里兰大学、哈佛大学和耶鲁大学等研究机构顶尖人才聚集,取得了大量原创的开拓性成果。谷歌、IBM、英特尔和微软等科技巨头近年来大举进军量子计算领域。中国在该技术领域的专利主要是在 2010 年以后申请的,目前数量居第二位,在应用领域技术研发势头强劲。EPO 的专利申请数量居第四位,主要申请人还是微软公司。另外,该领域的专利申请数量总体较少也间接说明该技术领域较为前沿。

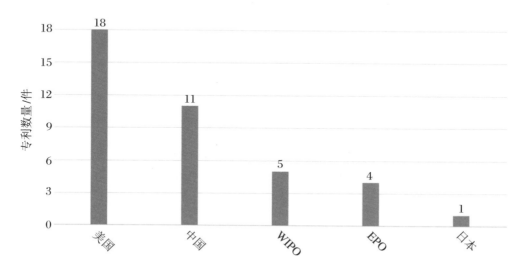

图 6.2　量子算法应用技术领域全球专利申请来源分布

6.1.2.3　主要申请人分析

图 6.3 所示为量子算法应用技术领域全球主要申请人专利申请量排名。其中,专利数量最多的是美国的微软公司。该公司创办于 1975 年,总部设立在华盛顿州的雷德蒙德市,微软公司的 QuArC 小组成立于 2011 年 12 月,专注于设计用于可扩展、容错高的量子计算机的软件架构和算法。该小组的研发成果"LIQUi|>"是一种用于量子计算的软件架构和工具套件。微软公司的 QuArC 小组与全球多所大学建立了密切的合作关系,包括悉尼大学、普渡大学、苏黎世联邦理工学院和 UCSB 的量子计算小组等。

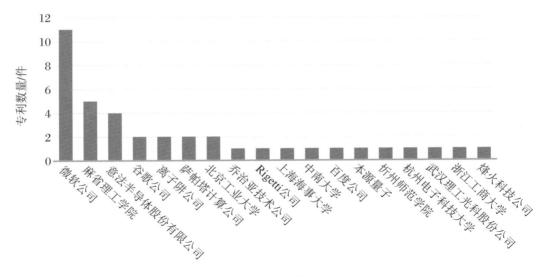

图6.3　量子算法应用技术领域全球主要申请人专利申请量排名

6.1.3　关键技术分析

6.1.3.1　运行 Grover 算法或 Deutsch-Jozsa 算法的方法和相应量子门

表6.1所示为 Grover 算法或 Deutsch-Jozsa 算法的相关专利申请,该系列专利由意法半导体股份有限公司在 2002 年、2003 年申请,在 EPO、美国均进行了相关专利布局,涉及用于执行 Grover 算法或 Deutsch-Jozsa 算法的方法、相应的量子门,以及用于实现量子门的处理设备(图6.4和图6.5),但目前仅 US10701150 为有效状态。该系列专利及其同族专利在全球被引用 8 次,先进性较好,且进行过转让。

Grover 算法或 Deutsch-Jozsa 算法是用具有 N 个量子比特向量的二进制函数作为输入的,算法包括对输入向量执行叠加操作,以生成 $N+1$ 个量子比特向量的第二基础线性叠加向量的分量。对线性叠加向量的分量执行纠缠操作,以生成数字纠缠向量的分量。算法节省时间,因为纠缠操作不是用于纠缠矩阵的叠加向量相乘,而是通过二进制函数值复制或反转叠加向量的相应分量来生成纠缠向量的分量。对数字纠缠向量的分量执行干扰操作,以生成输出向量的分量。

表 6.1 Grover 算法或 Deutsch-Jozsa 算法的相关专利申请

序号	申请号	申请日	来源
1	US10701150	2003-11-04	美国
2	US10701160	2003-11-04	美国
3	US10615446	2003-07-08	美国
4	EP03425080	2003-02-11	EPO
5	EP02425672	2002-11-04	EPO
6	EP02425447	2002-07-08	EPO

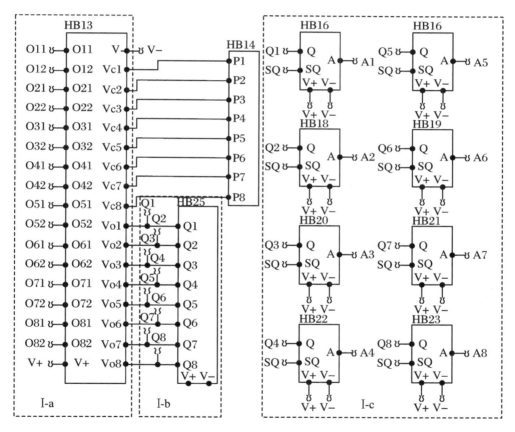

图 6.4 量子门的纠缠和干涉子系统的详细视图

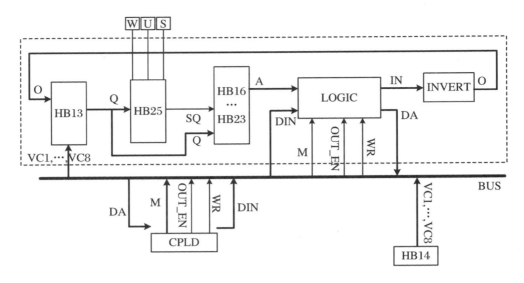

图 6.5　量子门的模块和微处理器单元的视图

（1）使用具有 N 个量子比特向量基的二进制函数来运行 Grover 算法的量子门。该量子门包括叠加子系统、纠缠子系统和干扰子系统。干扰子系统对纠缠向量的分量执行干扰操作，以生成输出向量的分量。干扰子系统使用加法器接收表示纠缠向量的偶数分量或奇数分量的输入信号，并生成具有偶数分量或奇数分量的比例因子的加权和信号，以非常快的速度执行干扰操作。干扰子系统还包括加法器阵列，向各个加法器输入表示纠缠向量的偶数分量或奇数分量的相应信号和加权和信号，并产生输出向量的偶数分量或奇数分量的信号来作为加权和信号，以表示纠缠向量的偶数分量或奇数分量的信号之间的差值。

以非常快的速度运行量子算法的硬件量子门利用了量子算法的纠缠操作，并提供了"空结果"，因为每行纠缠矩阵 UF 中只有一个分量不是空的。纠缠操作通过由函数 F 假定的值置换线性叠加向量的相对分量对来生成纠缠向量。

（2）实现量子门的处理设备。量子门用于运行量子算法，量子算法使用具有 N 个量子位的向量的第一基础二进制函数来搜索数据库中的元素，处理设备包括：叠加子系统、输入向量的分量执行叠加操作系统、$N+1$ 个量子位叠加向量的分量操作系统。其中，对线性叠加向量的分量执行纠缠操作以生成纠缠向量的分量的纠缠子系统，包括产生多个逻辑命令信号的命令电路，以及与多个逻辑命令信号编码对应的第一基础向量二进制函数的值和多路复用器阵列。多路复用器阵列由各个相应的逻辑命令信号驱动，接收表示线性叠加向量的分量的多个信号并将其作为输入，线性叠加向量对应具有共同的前 N 个量子位向量的第二基础向量,各个叠加向量输出表示纠缠向量的分量的对应信号,若纠缠向量的各个分量分别对应第二基础向量的相应向量,且二进制函数对应前 N 个四比特形成的第一基础向量为 0,则相应叠加向量的相应分量为 0,或者第二基础向量的前 N 个四比特形成的第一基础向量相对应的向量为 0,与相应叠加向量的相应分量相反。此外,干扰子系统用于对纠缠向量的分量执行干扰操作,以生成表示在数据库中搜索出的元素的输出向量的分量。

6.1.3.2 训练量子优化器

表 6.2 所示系列专利由微软公司于 2017 年前后申请,该系列专利及其同族专利在全球被引用 2 次,先进性较好,已在 4 个国家(组织)申请专利布局,暂时无诉讼、质押、转让、无效行为发生。

表 6.2 训练量子优化器的相关专利申请

序号	申请号	申请日	来源
1	CN201780029736.3	2017-05-10	中国
2	EP17725415	2017-05-10	EPO
3	WOUS17032000	2017-05-10	WIPO
4	US15457914	2017-03-13	美国
5	US15457914	2017-03-13	美国
6	US62335993	2016-05-13	美国

该系列专利技术涉及在运行量子计算过程期间生成量子算法并控制量子计算设备(图 6.6 和图 6.7),这些技术可以用于在量子计算系统中解决特定问题,如目标优化。因此,这种系统有时被称为量子优化器。相关专利公开了具有不同参数的量子近似优化算法的变型。在特定实施例中,使用了不同目标,而不是寻找近似解决优化问题的方式。公开技术的实施例找到了与最佳状态(给出实施例,如 MAX-2-SAT)高度重叠的量子算法。在某些实施例中,使用机器学习方法,选择问题的"训练集合"并将参数进行优化,以产生针对该训练集合的大的重叠,然后在更大的问题集合上测试该问题。当在全集合上进行测试时,找到的参数与优化的退火时间相比会产生更大的重叠,从而提升可用性。在其他随机实施例(如从 20 位到 28 位)上的测试进一步表现出对退火的改进,尤其是在最困难的问题上的改进最显著。例如,公开技术的实施例可以用于具有有限相干时间的量子计算机。

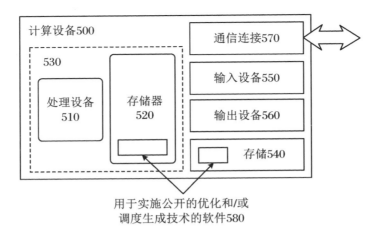

图 6.6　计算环境的示意图

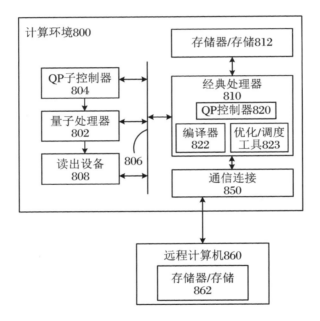

图 6.7　量子计算控制系统的示意图

　　示例方法包括根据调度使量子计算设备从第一状态演变到第二状态,第一状态对应第一哈密顿项,第二状态对应第二哈密顿项。该调度包括在 X 基上的哈密顿项的 X 调度,以及在 Z 基上的哈密顿项的 Z 调度。此外,X 调度或/和 Z 调度是非线性的或分段线性的。在一些实施例中,X 调度和 Z 调度彼此收敛并形成一个或多个序列,或者 X 调度和 Z 调度彼此发散并形成一个或多个序列。在进一步实施例中，X 调度和 Z 调度在相应调度的后半部分相互交叉，从而大幅度提升了性能。

6.2 生物科技应用

6.2.1 技术概况

科学家认为，借助量子计算强大的并行计算和模拟能力，量子计算机将能够解决现有计算机难以解决的重要化学难题，推动生物制药的发展。

近日，Menten AI 公司和 Qubit Pharmaceuticals 公司获得了用于量子药物发现的风险投资。Menten AI 公司从投资者 Khosla Ventures、Uncork Capital 和 Social Impact Capital 手中获得了 400 万美元的种子轮融资。它们的目标是使用机器学习和量子计算来创建下一代基于蛋白质的药物。Qubit Pharmaceuticals 公司从 Quantonation（量子技术领域著名的投资基金）获得了投资，这是一家从事新药物研发的公司，团队成员分别来自法国国立工艺学院、法国国家科学研究中心、得克萨斯大学奥斯汀分校、索邦大学和华盛顿大学，他们开发出一套软件，用于发现和测试在超级计算机上运行的候选药物，并最终在量子计算机上运行。

另外，日本 JSR 药业公司携手 IBM 量子计算团队，共同致力于量子计算算法在新药物研发上的开发和应用；加拿大 D-Wave 公司为冠状病毒研究人员免费提供其量子计算云服务，以推进新型冠状病毒感染药物研发进程；Alpine 公司和 HQS 公司合作，提供量子化学软件解决方案。在国内，本源量子与安徽瀚海博兴生物技术有限公司联合攻关，基于量子计算平台，共同开发出系列特异性识别病毒的胶体金试剂盒——新冠病毒抗原免疫直检试剂盒、抗原抗体混检试剂盒等产品。

2020 年 1 月，腾讯量子实验室负责人张胜誉表示，将在人工智能、物理、化学、制药和材料等领域进行持续探索。

量子计算机还可以帮助加快比较不同药物对一系列疾病的相互作用和影响的过程，以确定最佳药物。基因组测序产生了大量的数据，一个人的整个 DNA 链表达需要消耗大量的计算能力和存储容量。一些公司正在致力于迅速降低人类基因组测序所需的成本和资源。从理论上来说，量子计算机将使基因组测序变得更加高效、更容易在全球范围内扩展。量子计算机可以同时收集和整理所有可能的基因变异,并迅速找到对应的所有核苷酸对,使整个基因组测序用时呈负指数级下降。快速量子基因组测序,可以让我们将全人类的 DNA 汇集到一个广泛的人口健康数据库中。利用量子计算机,我们还能够合成人类 DNA 数据中的模式,以便在更深层次上了解人类的基因组成,并有可能发现未知的疾病模式。

生物医药与量子计算的结合被社会各界普遍看好,因为在所有期待"量子升级"的行业中,生物医药行业的科技水平起点很高,而高科技行业对新科技的接受度也高,即生物医药行业具备接纳量子计算的天然环境。药企拥有大量的研发费用,并且已经形成了外包合作的研发习惯和模式,这是支撑一项新科技实现商业化的重要保障。药企研发一款新药主要有三个大流程,每个流程中都有不同的科研需求,虽然大部分需求都涉及数据与计算,但前期和后期的有些涉及生物学基础理论和临床反馈的需求并不能依靠计算能力就可以满足,因此对于计算的研发需求主要集中在研发中期,尤其是分子模拟方面。

6.2.2 专利申请分析

6.2.2.1 专利申请态势分析

在生物科技应用技术领域,截至 2020 年 10 月 31 日,全球共有 189 件专利申请。其申请态势如图 6.8 所示。

由图可知,该技术领域的专利申请量总体呈上升趋势,2000 年左右增速相对较快,2000 年以后相对较为平稳。结合非专利文献可知,2000 年以后各国进行量子竞赛,大力发展量子计算等前沿技术,作为体现量子计算优势的重要领域之一,探索量子计算在生物科技领域的应用亦成为研发热点。

6.2.2.2 专利申请来源分析

图 6.9 所示为生物科技应用技术领域全球专利申请来源(国家/组织)分布。由图可知,美国取得了一系列重要成果并建立起领先优势。美国的约翰斯·霍普金斯大学、Gradient Biomodeling 公司、IBC 药物公司、IBM 的专利申请量较多;澳大利亚的 1QB 信息公司也有显著贡献,并在多个国家、地区进行了专利布局。中国在生物科技应用技术领域的专利主要由清华大学、本源量子等单位申请。

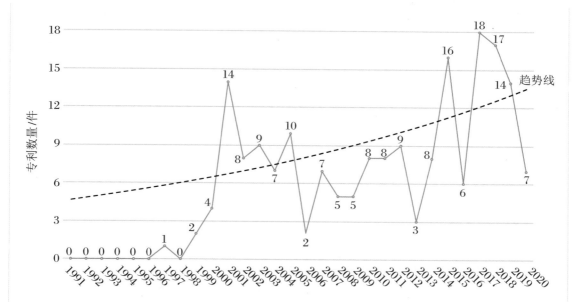

图 6.8 生物科技应用技术领域全球专利申请态势

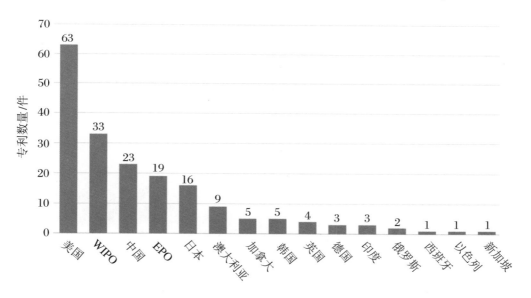

图 6.9 生物科技应用技术领域全球专利申请来源分布

6.2.2.3　主要申请人分析

图 6.10 所示为生物科技应用技术领域全球主要申请人专利申请量排名。由图可知，美国、欧洲的申请人较多。其中，专利数量排名前 3 位的申请人是美国的 Gradient Biomodeling 公司、约翰斯·霍普金斯大学、IBM，并且 Gradient Biomodeling 公司和约翰斯·霍普金斯大学的联合申请较多。1QB 信息公司在生物科技应用技术领域申请了 3 件专利，并且在 WIPO、中国、EPO、加拿大进行了专利布局。

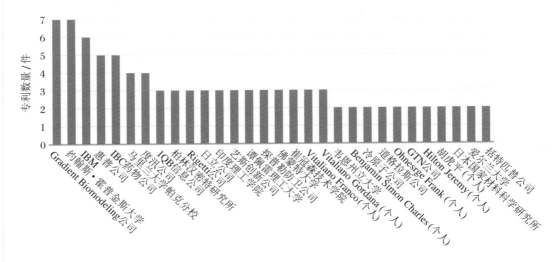

图 6.10　生物科技应用技术领域全球主要申请人专利申请量排名

6.2.3　关键技术分析

6.2.3.1　利用量子和经典混合架构识别化学系统

表 6.3 所示系列专利由 1QB 信息公司申请，在 4 个国家（组织）申请专利布局。

利用量子化学中的问题分解（PD）技术来识别和预测电子结构以及分子的一组能量最稳定的构象异构体。这样的 PD 技术包括碎片分子轨道理论（FMO）方法、分治算法（DC）方法、密度矩阵嵌入理论（DMET）方法、密度矩阵重整化群（DMRG）方法、张量网络、增量方法等。

表 6.3　利用量子计算进行 ABinitio 模拟的相关专利申请

序号	申请号	申请日	来源
1	CA3082937	2018-11-30	加拿大
2	CN201880088136.9	2018-11-30	中国
3	EP18882806	2018-11-30	EPO
4	WOCA18051531	2018-11-30	WIPO

在量子化学中,已经开发出的 PD 技术可以通过经典计算以合理的准确度来有效地计算分子能量和/或电子结构。在 PD 技术中,分子可分解成较小的片段,从而令各个片段的量子机械能和/或电子结构计算变得更易于处理,然后再针对各个片段分别执行量子机械能和/或电子结构计算。各个片段产生的量子机械能和/或电子结构计算可以重组为原始分子的解决方案。

分子的电子结构和能量最稳定的构象异构体的识别是化学和生物学相关研究与开发的基本过程。尽管可以通过实际合成分子并使用各种物理、化学测量来识别其电子结构和构象,但此类实验过程通常需要消耗大量的资源,如人力和时间。该申请公开内容提供的那些高效且准确的计算方法和系统可以显著减少对资源的需求,并使通用的 R&D 过程更加有效。同时,该申请描述的方法和系统不仅可以应用于单个化学系统结构(如化合物和生物分子),还可以应用于具有不同缔合的分子聚集体。例如,该申请公开的方法和系统可以用于识别候选药物相对于靶蛋白的最稳定的结合方向,该结合方向是从可能的结合方向的集合(ensemble)中确定的。

该系列专利主要围绕使用量子和经典计算处理器的混合架构来有效地识别化学系统(如分子)的电子结构和稳定构象的方法和系统,如图 6.11、图 6.12 所示,涉及一种用于执行化学系统的量子机械能或电子结构计算的方法,所述方法由包含至少一个经典计算机和至少一个非经典计算机的混合计算系统来实现,该方法执行步骤包括:

(1)确定所述化学系统的构象的集合;

(2)将集合内的至少一种构象分解成多个分子片段;

(3)使用混合计算系统确定多个分子片段的至少一个子集的量子机械能或电子结构;

(4)组合在步骤(3)中确定的量子机械能或电子结构;

(5)输出电子报告,该报告指示在步骤(4)中组合出的量子机械能或电子结构。

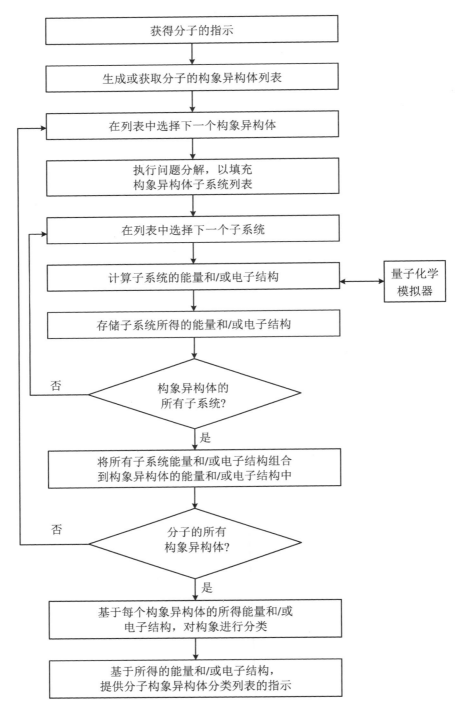

图 6.11 基于 PD 技术的分子构象异构体的分类流程图

量子计算技术应用与专利分析
Technology Application and Patent Analysis of Quantum Computing

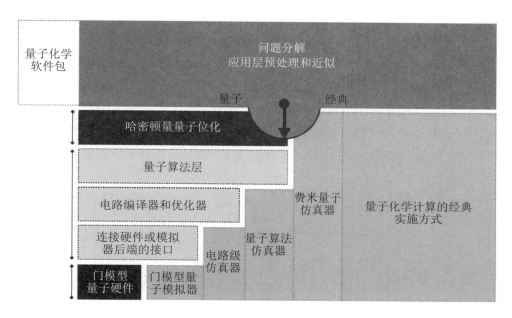

图 6.12　用于解决量子化学问题或模拟的系统示意图

6.2.3.2　哈密顿对称性存在下分子激发态的量子计算

表 6.4 所示系列专利由 IBM 申请,暂时无诉讼、质押、转让、无效行为发生。

表 6.4　哈密顿对称性存在下分子激发态的量子计算的相关专利申请

序号	申请号	申请日	来源
1	WOEP19082773	2019-11-27	WIPO
2	US16218085	2018-12-12	美国

分子激发态能量的计算可能是电子结构中的一个重要问题。EOM 方程是在经典计算机上计算分子激发态的主要方法之一。为了计算分子的分子激发态能量,EOM 方法建立了多个矩阵,其大小可以在想要考虑的激发态数目中二次增长。EOM 方法可以有效地映射在量子计算机上,可使用量子计算机计算用于计算激发态能量的矩阵元素的平均值。

虽然量子计算可以提供更快的计算处理,但是使用 EOM 方法的常规技术仍然在激发态数量上二次缩放矩阵。二次缩放可导致对量子计算资源的高要求和/或对大量量子位的使用。例如,应用于量子计算设备上的传统 EOM 方法可能需要大量的量子位来执行,所以让具有大量栅极的量子电路的操作变得更加困难。

　　该系列专利主要涉及针对分子激发态的量子计算技术。例如,图 6.13 所示系统包括能够存储计算机可执行组件的存储器和处理器,该处理器可耦合到存储器,并且可以执行存储在存储器中的计算机可执行组件。该计算机可执行组件包括初始化组件,该初始化组件基于多个受激算子的换向特性将来自映射的量子哈密顿量的多个受激算子分类为扇区。该换向特性具有来自映射的量子哈密顿量的对称性。计算机可执行组件还包括矩阵组件,该矩阵组件基于由初始化组件分类的扇区,以及多个受激算子中生成运动矩阵方程。

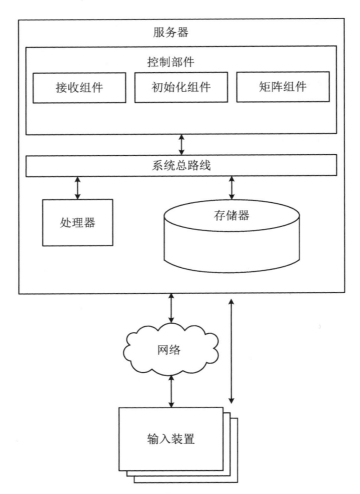

图 6.13　在哈密顿对称性存在下,量子计算分子激发态的系统框图

6.2.3.3　去除 DNA 解链分析中荧光背景的量子方法

表 6.5 所示系列专利的申请人为犹他大学研究基金会（University of Utah Research Foundation），在 5 个国家（组织）布局申请了专利，并在多个国家（组织）获得专利权，稳定性好。该系列专利及其同族专利在全球被引用 1 次，暂时无诉讼、质押、转让、无效行为发生。

表 6.5　去除 DNA 解链分析中荧光背景的量子方法的相关专利申请

序号	申请号	申请日	来源
1	CA2922813	2014-08-29	加拿大
2	CN201480059213.X	2014-08-29	中国
3	EP14838978	2014-08-29	EPO
4	US14914996	2014-08-29	美国
5	WOUS14053558	2014-08-29	WIPO
6	US61872173	2013-08-30	美国

该系列专利主要涉及一种从使用荧光染料生成的解链曲线中去除背景的方法，用于分析核酸样品的解链谱图。该方法包括用温度函数来计算核酸样品的荧光值，以产生具有解链过渡的原始解链曲线。核酸样品包含核酸和结合核酸，以形成可通过荧光进行检测的络合物分子；原始解链曲线包含背景荧光信号和核酸样品信号；通过使用量子算法从核酸样品信号中分离背景信号，以生成校正的解链曲线，该曲线包含核酸样品信号。

6.3　人工智能应用

6.3.1　技术概况

20 世纪 90 年代初，威奇塔州立大学（Wichita State University）的物理学教授 Elizabeth Behrman 开始结合量子物理学和人工智能（主要指当时备受争议的神经网络技术）进行研究。神经网络技术和其他机器学习系统成为当前影响最大的技术。这些系统不仅在大部分人不擅长的一些任务(如围棋和数据挖掘)中打败了人类,还在大脑的某些本职工作(如面部识别、语言翻译)上超越了人类。

在经历数十年的研究后,量子计算机现在的计算能力已经超越了其他所有计算机。人们常认为,量子计算机的"杀手级应用"为对大数进行因数分解,这对现代加密技术来说至关重要,但是实现这一目标至少还要再等十年。不过,当前基本的量子处理器已经可以满足机器学习的计算需求。量子计算机在一个步骤之内可以处理大量的数据,找出传统计算机无法识别的微妙模式,在遇到不完整或不确定数据时也不会卡住。量子计算和机器学习固有的统计学性质之间存在着一种天然的契合。

Rigetti 公司、谷歌公司、微软公司、IBM 等科技巨头正在往量子机器学习上投入大量经费,多伦多大学还成立了一个量子机器学习创业孵化器。"机器学习 + 量子计算"现已成为一个"潮词"。

无论是传统神经网络,还是量子神经网络,它们的主要任务都是识别。受人类大脑启发,神经网络由基本的计算单元(即神经元)构成。每个神经元都可以看作一个开关设备。一个神经元可以监测多个其他神经元的输出,就像投票选举一样,如果有足够多的神经元处于激活状态,那么这个神经元就会被激活。通常,神经元的排列呈层状:初始层(initial layer)导入输入(如图像像素),中间层生成不同组合形式的输入(代表边、几何形状等结构),最后一层生成输出(对图像内容进行高级描述)。

经典计算机计算单元的所有连接都用庞大的数字矩阵表示,运行神经网络就是进行大量的矩阵计算。传统方法是用一个专门的芯片(如图像处理器)来完成这些矩阵运算。而在完成矩阵运算上,量子计算机是不可匹敌的。量子计算机运算大型矩阵和向量的速度比经典计算机快很多。在进行运算时,量子计算机可以利用量子系统的指数属性。量子系统的大部分信息储存能力并不是靠单个数据单元——量子比特(qubit,对应经典计算机中的比特)实现的,而是靠这些量子比特的共同属性实现的。2 个量子比特带有 4 个连接状态:开/开、关/关、开/关、关/开,每个连接状态都分配有 1 个特定的权重或幅值,代表 1 个神经元。3 个量子比特可以代表 8 个神经元,4 个量子比特可以代表 16 个神经元。随着比特数的增加,机器的运算能力呈指数级增长。实际上,整个系统处处都分布有神经元。当处于 4 个量子比特的状态时,计算机一步可以处理 16 个数字,而传统的计算机一步只能处理 1 个数字。

据估计,60 个量子比特的计算机可以编码的数据量相当于人类一年生成的所有数据,300 个量子比特的计算机可以编码可观测宇宙中的所有信息。由 IBM、英特尔公司和谷歌公司共同研发的量子计算机是当前最大的量子计算机,大约有 50 个量子比特。

6.3.2 申请分析

6.3.2.1 专利申请态势分析

在人工智能应用技术领域,截至 2020 年 10 月 31 日,全球共有 93 件专利申请。其申请态势如图 6.14 所示。

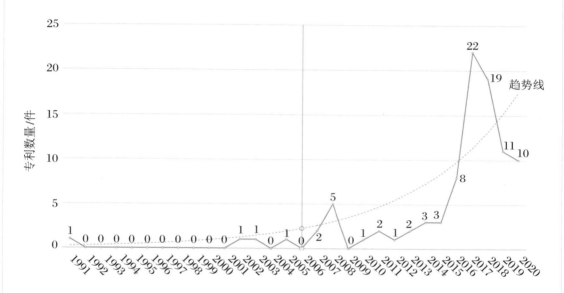

图 6.14 人工智能应用技术领域全球专利申请态势

由图可知,该技术领域的专利申请量总体呈上升态势。在 2007 年以前,很长一段时间内专利申请量较少,在 2007 年以后专利申请量增长较快。结合非专利文献可知,这与量子算法专利申请态势和背景相似,2010 年左右,全球多国加快量子信息技术研究与应用布局,推动技术研究和应用发展。预测其最终的专利申请数量仍会保持较大的增长。

6.3.2.2 专利申请来源分析

图 6.15 所示为人工智能应用技术领域全球专利申请来源(国家/组织)分布。在这个领域,中国取得了一系列重要成果并建立起领先优势。中国科学院、中国科学技术大学、北京工业大学、中国矿业大学等单位,以及腾讯公司、百度公司、上海量斗物联网科技有限公司等企业取得大量成果。美国则以 IBM、谷歌等科技公司,以及坦佩雷理工大学

和佛蒙特大学为典型代表。

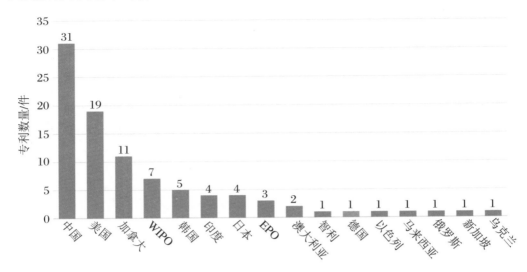

图 6.15　人工智能应用技术领域全球专利申请来源分布

6.3.2.3　主要申请人分析

图 6.16 所示为人工智能应用技术领域全球主要申请人专利申请量排名。其中，专利数量最多的是飞哥瑞尔公司。

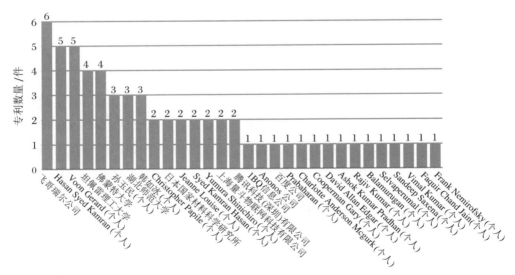

图 6.16　人工智能应用技术领域全球主要申请人专利申请量排名

6.3.3 关键技术分析

6.3.3.1 量子程序自动合成

表 6.6 所示系列专利的申请人为 Rigetti 公司,主要涉及量子程序自动合成。值得注意的是,Rigetti 公司于 2019 年在美国提出 3 件相关专利申请,然后于 2020 年初基于这 3 件先申请的专利优先权向 WIPO 提出专利申请,申请文件涉及 40 项权利要求,并且在 3 年内可以选择进入多个国家(地区),布局的可操作空间大。

表 6.6 量子程序自动合成的相关专利申请

序号	申请号	申请日	来源
1	WOUS20018228	2020-02-14	WIPO
2	US62947365	2019-12-12	美国
3	US62884272	2019-08-08	美国
4	US62806015	2019-02-15	美国

量子计算机通过执行量子算法来执行计算任务。量子算法可以表示为量子哈密顿量、量子逻辑操作序列、一组量子机器指令或其他。已经提出了多种物理系统作为量子计算系统,如超导电路、俘获离子、自旋系统等。

经典人工智能系统被用于生成可在量子计算机上执行的量子程序。例如,量子程序所要解决的问题或一类问题(如优化问题或另一类问题)可以被制定和作为针对人工智能的量子程序合成过程中的输入。在一些情况下,通过训练过程开发统计模型,且该统计模型可用于合成针对特定问题(如该统计模型训练的一类问题中的特定问题)的量子程序。

经典人工智能系统通常使用通过训练开发的计算模型来作出决定。例如,经典人工智能系统使用神经网络,支持向量机、分类器、决策树或其他类型的统计模型来作决策,并且可以使用学习算法来训练统计模型。例如,统计模型可以使用转移学习算法、增强学习算法、深度学习算法、异步的增强学习算法、深度增强学习算法或其他类型的学习算法。这些算法和其他类型的经典人工智能系统、相关的学习算法可用于生成在量子计算机上运行的算法。

可以使用神经网络来生成量子程序。例如,可以使用训练过程来训练神经网络(如使用深度增强学习或另一种类型的机器学习过程),然后对神经网络进行采样以构建量子程序,该量子程序被配置为产生针对特定问题的解决方案。也可以将量子逻辑门迭代地添加到量子逻辑电路中来合成量子程序,并且在每次迭代时使用统计模型来选择要添加到量子逻辑电路中的量子逻辑门。例如,神经网络可以为一组允许的量子逻辑门提供幅值的分布,使得该分布能够指示每个门改进量子程序的相对可能性。神经网络可以根据在量子资源(如一个或多个量子处理器单元、一个或多个量子虚拟机等)上执行量子程序的当前版本而获得的数据来产生分布。例如,表征由量子程序的当前版本产生的量子态的信息、量子程序的当前版本的品质因数,还可以将量子程序要解决的问题作为神经网络的输入。

图 6.17 所示为 Rigetti 公司的专利申请中涉及的方法以及执行该方法的计算机系统。该方法包括:获取使用量子处理器输出数据计算出的量子状态信息,量子处理器输出数据由执行量子程序的初始版本的量子资源生成;向神经网络提供神经网络输入数据,包括量子状态信息和量子程序要解决的问题的表示;获得由神经网络处理神经网络输入数据而产生的神经网络输出数据;基于神经网络输出数据选择量子逻辑门;生成包括所选择的量子逻辑门的量子程序的更新版本。

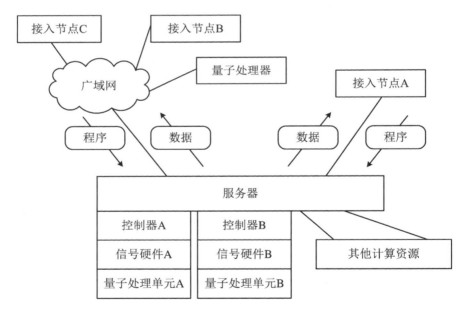

图 6.17　计算系统的框图

人工智能系统被用于生成在量子计算机上运行的量子程序。该方法包括：量子处理器输出数据由执行量子程序的初始版本的量子资源生成，并使用量子处理器输出数据计算出量子状态信息；向神经网络提供量子状态信息和量子程序以解决数据处理问题；神经网络输出数据由神经网络处理神经网络输入数据产生；基于神经网络输出数据选择量子逻辑门；生成包括所选择的量子逻辑门的量子程序的更新版本。

6.3.3.2 量子纠错解码

量子比特非常容易受到噪声的影响，所以直接在物理量子比特上实现量子计算从目前的技术水平来看还不现实。量子纠错码和容错量子计算技术的发展，从理论上提供了在有噪声量子比特上实现任意精度量子计算的可能。

如果只是针对量子信息进行存储，那么可以检测并收集所有的错误症状，并在最后根据所有的症状信息进行纠错，这种纠错方式被称为后处理。然而，在进行容错量子计算时，量子电路本身会实时改变错误类型，仅仅依靠症状信息无法正确跟踪和定位发生在不同时空中的错误。为了使量子计算能够顺利进行，必须在得到错误症状之后立刻进行解码，并在量子算法的每一个计算步骤运行之前（或下一轮纠错开始之前）完成纠正错误，这被称为实时纠错。实时纠错是实现大规模通用量子计算不可或缺的技术。实时纠错对量子纠错码的解码算法的运行时间裕度提出了很高的刚性要求，但目前的一些量子纠错码的解码算法尚无法满足实时纠错的要求。

表 6.7 所示系列专利由腾讯公司申请，涉及基于神经网络的量子纠错解码方法、装置及芯片，以及量子电路的容错纠错解码方法、装置及芯片（图 6.18、图 6.19 和图 6.20）。主要方案包括：获取量子电路的错误症状信息；通过神经网络解码器对错误症状信息进行分块特征提取，得到特征信息；通过神经网络解码器对特征信息进行融合解码处理，得到错误结果信息，该错误结果信息用于确定量子电路中发生错误的数据量子比特以及相应的错误类型。该专利申请采用了分块特征提取的方式，使得每一次特征提取得到的特征信息的通道数都会减少，于是下一次特征提取的输入数据就会减少。这有助于减少神经网络解码器中特征提取层的数量，从而缩短神经网络解码器的深度，其解码时间也会相应缩减，进而满足实时纠错的要求。

表 6.7 量子纠错解码的相关专利申请

序号	申请号	申请日	来源
1	CN202010296660.4	2020-04-15	中国
2	CN202010296673.1	2020-04-15	中国

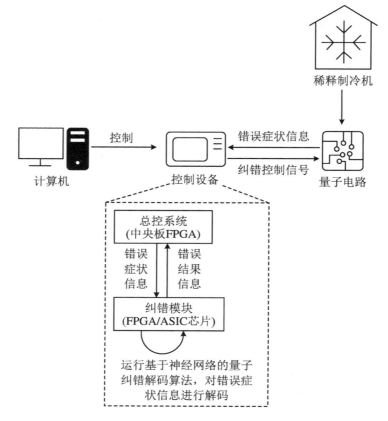

图 6.18　应用场景涉及的纠错解码过程的示意图

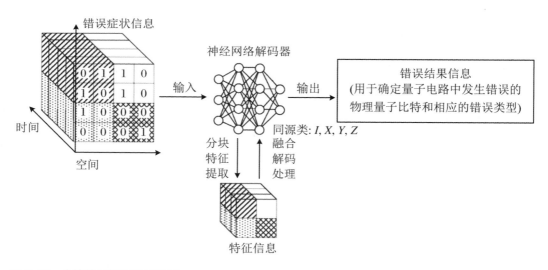

图 6.19　分块特征提取的示意图

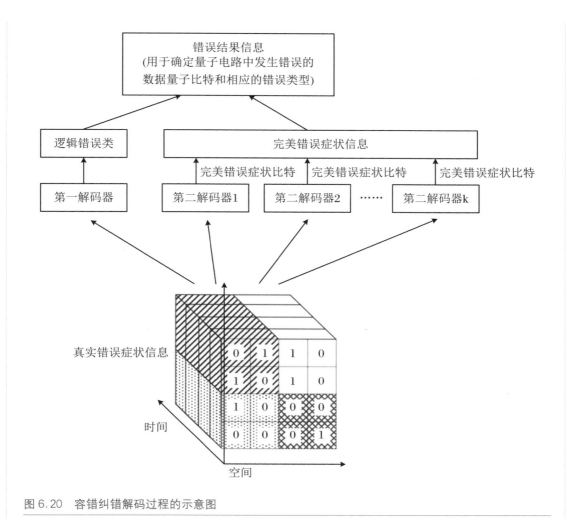

图 6.20　容错纠错解码过程的示意图

　　该系列专利通过对量子电路的错误症状信息进行分块特征提取,得到多组特征信息,然后进一步对上述多组特征信息进行融合解码处理,得到错误结果信息。与对输入数据进行完整特征提取相比,分块特征提取一方面会使每一次特征提取得到的特征信息的通道数减少,从而减少了下一次特征提取的输入数据,这有助于减少神经网络解码器中特征提取层的数量,进而缩短神经网络解码器的深度,由于神经网络解码器的深度缩短了,其解码时间也会相应缩减;另一方面,在进行分块特征提取时,采用多个特征提取单元对多个区块进行并行的特征提取处理,即多个特征提取单元可以同步(或称同时)地进行特征提取处理,这也有助于缩减特征提取所需的耗时,从而缩减解码时间。综合上述两方面因素,在采用神经网络解码器进行量子纠错解码时,解码时间被充分缩减,从而满足实时纠错的要求。

6.3.3.3　人工智能驱动的量子计算

人工智能驱动的量子计算可克服启发式和/或其他计算过程在非经典计算或量子计算中的局限性。例如,用于改进非经典计算的计算效率和/或精确度的系统和方法,1QB 信息公司围绕人工智能驱动的量子计算布局了表 6.8 所示的专利申请。其中,WOCA19051752 于 2019 年 12 月 5 日提出,申请文件有 47 项权利要求,值得注意的是,该专利申请基于 2018 年 12 月 6 日提交的美国临时申请(序列号 2002/776,183)和 2019 年 7 月 10 日提交的美国临时申请(序列号 2002/872,601)的优先权,在三年内可以选择进入多个国家/地区,布局的可操作空间大。

表 6.8　人工智能驱动的量子计算相关专利申请

序号	申请号	申请日	来源
1	WOCA19051752	2019-12-05	WIPO
2	US62776,183	2018-12-06	美国
3	US62872,601	2019-07-10	美国

该系列专利主要涉及使用在经典计算机上实现的一个或多个人工智能过程(如一个或多个机器学习(ML)或增强学习(RL)过程)来执行启发式的计算功能。

一种使用人工智能执行计算的系统包括:至少一台计算机,被配置为执行包括一个或多个可调参数和一个或多个不可调参数的计算,并输出指示所述计算的报告。该计算机包括:① 一个或多个寄存器,其中一个或多个寄存器被配置为执行计算。② 测量单元,被配置为测量一个或多个寄存器中的至少一个寄存器的状态,以确定该一个或多个寄存器的状态的表示,从而确定该计算的表示。③ 至少一个人工智能控制单元,其被配置为控制计算;执行至少一个人工智能过程,以确定对应该计算的一个或多个可调参数;将可调参数引导至计算机,至少有一个人工智能控制单元包含一个或多个人工智能控制单元参数。

混合计算系统包括至少一台被配置为执行计算的非经典计算机,一个或多个寄存器、测量单元和人工智能控制单元。其中,一台非经典计算机包括至少一台量子计算机;一个或多个寄存器包括一个或多个量子比特,一个或多个量子比特被配置为执行计算;测量单元被配置为测量一个或多个量子位中至少一个的状态,以确定该一个或多个量子位中至少一个状态的表示,从而确定该计算的表示;测量单元还被配置为向人工智能控制单元提供计算的表示。

6.4 量子云

6.4.1 技术概况

人类正处于第四次工业革命的前夜,量子计算被视为继人工智能之后,又一个具有颠覆性影响的领域。当前,量子计算正处在快速发展阶段,新技术层出不穷,随着量子计算硬件、软件、配套平台的不断进步,量子计算对行业的吸引力不断提升。以何种方式展示量子计算优势、体现商业应用潜力是量子计算领域的重点关注方向。在此背景下,量子云计算将量子计算与经典互联网相结合,依托经典信息网络提供量子计算硬件与软件相关的普惠服务,成为未来量子计算能力输出的主要途径之一。

量子云平台可以简化编程,并提供对量子计算机的低成本访问。目前,空中客车和高盛等公司投资的 QC Ware 公司正在开发基于云的量子计算平台,包括 IBM、谷歌和阿里巴巴在内的大公司也在部署量子云计算项目。

如何将量子计算和经典网络云平台服务进行结合,最终通过量子云计算的方式实现量子计算能力输出,是量子云计算技术领域需要解决的重要问题。

从应用方式上看,由于研发、购置量子计算机的成本极其昂贵(如 D-Wave 公司的量子退火专用机售价 1500 万美元),业界普遍认为在相当长的时间里,通过云平台开展量子计算服务、共享稀缺资源、探索适用量子计算的行业应用,是较为切实可行的实现方式。

从技术实现上看,量子计算应用落地是复杂的系统工程,需要量子信息技术与经典信息处理技术的深度融合。量子云计算将诸多关键技术进行整合,为量子计算软硬件协同工作提供了必要的使能条件。依托量子计算云平台,量子计算硬件和软件可产生良好的"化学反应",从而加速量子计算技术的发展。

量子云计算一方面实现对稀缺量子计算资源的充分共享,另一方面依托现有云计算模式,充分考虑了用户的应用习惯,成为量子计算应用的主要抓手,为量子计算研究者、量子软件开发者和行业用户提供了友好的服务窗口,降低了用户进行量子计算开发、社交与应用的门槛。

6.4.2 专利申请分析

6.4.2.1 专利申请态势分析

在量子云应用技术领域,截至 2020 年 10 月 31 日,全球共有 35 件专利申请。其申请态势如图 6.21 所示。

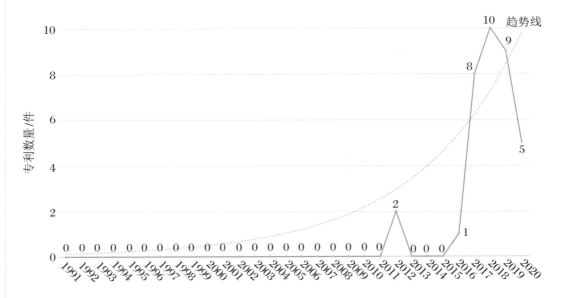

图 6.21 量子云技术领域全球专利申请态势

由图可知,2010 年以前的很长一段时间内专利申请量较少,2010 年以后专利申请量增长较快。这与多国在近年来加快量子信息技术研究与应用布局、推动技术研究和应用发展相关。

6.4.2.2 专利申请来源分析

图 6.22 所示为量子云技术领域全球专利申请来源(国家/组织)分布。中国在这个应用领域取得了一系列重要成果并建立起领先优势。

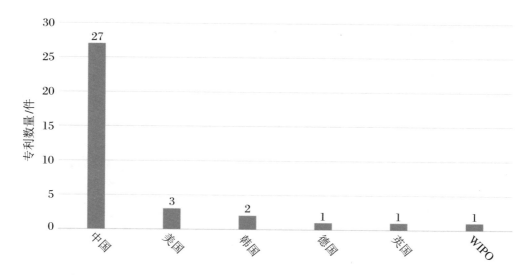

图 6.22　量子云技术领域全球专利申请来源分布

6.4.2.3　主要申请人分析

图 6.23 所示为量子云技术领域全球主要申请人专利申请量排名。其中,专利数量最多的是本源量子。

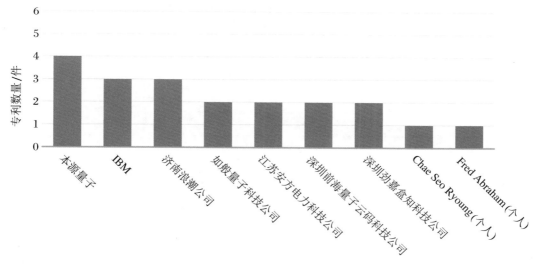

图 6.23　量子云技术领域全球主要申请人专利申请量排名

6.4.3 关键技术分析

6.4.3.1 量子计算的云环境

使用量子计算机(QC)或量子计算节点(QCN)与使用经典计算机是明显不同的。目前,云计算环境完全由 CN 组成,且用于操作这些云环境的各种方法是公开的。然而,实施例表明,操作包括至少一个 QCN 的云环境与由 CN 组成的云环境相比是完全不同的问题,不能使用操作纯 CN 型机器云的架构或方法来解决该问题。QCN 已经被证明可用于数据计算。包括 QCN 的云环境在没有 Q 特定机制的情况下不可通过操作来将作业引导到混合云中的 QCN 或 QCN + CN 的组合中。因此,由实施例可知,需要一种系统,其可以适配用于 Q 计算的传入数据处理作业的各部分,管理 QCN 与 CN 之间的作业划分,将来自 QCN 的 Q 信号适当地适配为 Q 结果,以及将 Q 结果与从 CN 中获得的结果相结合,从而产生响应该作业且可接受的结果。

IBM 为解决上述问题,提出了在云环境中启用量子计算的方案,并在 5 个国家(组织)布局专利申请,表 6.9 所示的核心申请有 20 余项权利要求。

表 6.9 量子计算的云环境的相关专利申请

序号	申请号	申请日	来源
1	CN201780095360.6	2017-12-06	中国
2	DE112017007772	2017-12-06	德国
3	GB2006037	2017-12-06	英国
4	WOIB17057697	2017-12-06	WIPO
5	US15719872	2017-09-29	美国

图 6.24、图 6.25 所示内容主要涉及检查量子云环境(QCE)中量子云计算节点(QCCN)的量子处理器(Q 处理器)的配置是否正确,以及用户提交给 QCE 进行作业的指令与云环境是否兼容。QCE 主要包括 QCCN 和常规计算节点(CCN)。CCN 包括:被配置用于二进制计算的常规处理器,对应第一指令的量子指令(Q 指令),量子输出信号(Q 信号),量子计算结果(Q 结果)和结果返回提交系统。

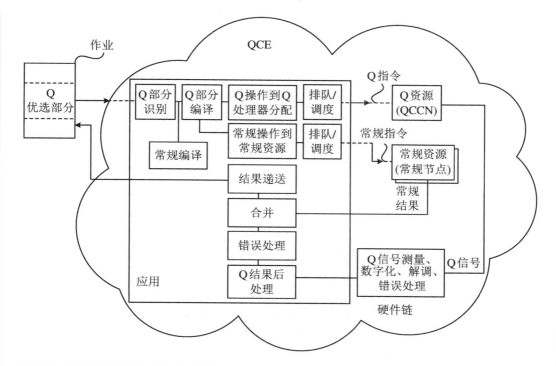

图 6.24 量子计算云环境中的作业配置图

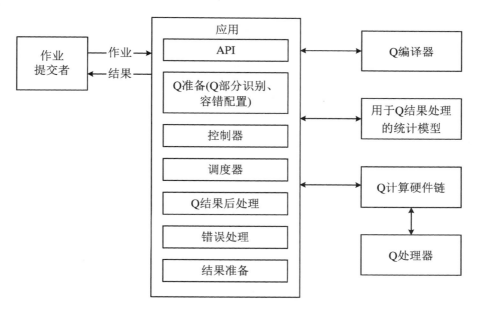

图 6.25 量子计算云环境中的作业流程图

6.4.3.2 云中心量子计算机资源

目前,实现量子计算机的途径主要有5种,分别是超导、离子阱、量子点、量子光学和拓扑量子计算,未来可能还会有其他形式,基于不同实现方式的量子计算机将用于不同的场景,每种实现方法都需要大量的高精度物理设备,其复杂的结构和控制都需要更加精细化、智能化的运维。未来的量子云中心会共存多种不同实现方式的量子计算机,统一对外提供量子云服务,这就需要及时了解量子计算机的运行状况,保障量子计算机的高可用,充分利用量子计算机的资源。

济南浪潮高新科技投资发展有限公司基于上述背景,针对如何模拟量子计算机、如何利用物联网技术实现多种量子计算机的云端统一监控、实现智能运维、有效利用计算机资源等问题提出解决方案,提出系列专利申请(表6.10),权利要求有8~10项,并在中国申请专利。

表 6.10 云中心量子计算机资源的相关专利申请

序号	申请号	申请日	来源
1	CN201910343504.6	2019-04-26	中国
2	CN201910366806.5	2019-07-30	中国
3	CN202010461848.X	2020-10-09	中国

(1) 涉及的一种量子计算机模拟环境方法。它通过量子计算机模拟环境模型的生成器来输出量子计算机模拟环境对应的输出结果,可以更好地模拟真实物理量子计算机的运行环境。该方法具体包括:通过量子云中的量子计算程序编译器来对量子计算应用程序进行编译,生成量子计算应用程序对应的量子门操作序列;在预先设置的量子计算机模拟环境中,选择其中一种量子计算机模拟环境,并通过编码器将量子门操作序列转化为向量数据;将向量数据输入到预先训练的量子计算机模拟环境模型的生成器中,得到第一输出结果。

(2) 涉及的高效利用云中心量子计算机资源的方法。量子云中心为量子计算应用程序创建任务,经过测试、模拟、仿真、评估和优化程序,进入物理量子计算机执行程序队列,等待执行;量子云中心综合执行相似量子计算应用程序产生的历史数据,选择复用结果,由量子云中心动态选择程序并加载至物理量子计算机,提高量子计算机的使用效率。该方法不仅可以更加合理高效地分配资源,提高物理量子计算机的使用效率,还能通过持续训练优化量子程序任务来选择模型和评估模型,持续提高量子计算应用程序选择的合理性,进而提升物理量子计算机的运行效率。

量子计算技术应用与专利分析
Technology Application and Patent Analysis of Quantum Computing

（3）涉及的基于物联网的量子云监控系统及其方法。① 其结构包括：物联网采集模块，用于实时获取量子计算机涉及的硬件设备的运行状态数据；日志采集模块，用于实时获取量子计算机涉及的软件系统的日志数据；量子云中心，用于提供量子计算云服务；物联网连接模块，用于将运行状态数据和日志数据传输至量子云中心。② 其方法包括：获取量子计算机的实时监控数据；对实时监控数据进行数据分析，以实现对硬件设备的实时诊断分析、监控分析和预测性维护，并实现对硬件设备和软件系统的能耗分析；对实时监控数据和数据分析结构进行数据展示。

6.4.3.3 量子计算云平台与量子计算模拟

鉴于目前公众对超导量子计算机的认知水平十分有限，且现有技术中也没有一套完整的全物理体系的超导量子计算机供公众了解量子计算、探知量子世界。为普及量子教育，便于公众了解超导量子计算机的工作原理和构造，填补相关技术的空白，本源量子围绕量子计算云平台与量子计算模拟提出了解决方案，布局相关专利申请（表 6.11），并在中国申请专利。

表 6.11 量子计算云平台与量子计算模拟的相关专利申请

序号	申请号	申请日	来源
1	CN202010481898.4	2020-05-29	中国
2	CN201811101075.3	2018-09-20	中国
3	CN201810547723.1	2018-05-31	中国

该系列专利的申请人为本源量子，主要涉及一种超导量子计算机模拟系统的演示方法和装置，一种用于对接量子计算机与用户的云平台，该云平台包括量子计算机调度服务器和应用方法。

本章小结

技术的进步有其自身特点，在技术诞生之后其市场反响往往非常一般，行业增速并不惊艳。一种技术一旦在某一领域因偶发因素而得到爆发式应用，就将展现出跨越式增长，在此我们无法精确地预测这一时间点，只能作平缓预期。

量子计算的最直接产物是量子计算机。量子计算机是一类遵循量子力学规律进行高速数学和逻辑运算、存储和处理量子信息的物理装置。当某个装置处理和计算的是量子信息、运行的是量子算法时,它就是量子计算机。量子计算机的概念源于对可逆计算机的研究,研究可逆计算机的目的是解决计算机的能耗问题。量子计算目前在业界主要有两项应用:

(1) 模拟量子系统。在材料科学、量子化学、药物发现等领域,人们需要用大量的计算资源来模拟量子系统,用量子计算机来做这样的计算自然是最好的选择。

(2) 帮助互联网公司进行计算,如人工智能领域机器学习的提速,基于量子硬件的机器学习算法可加速优化算法和提高优化效果。

第7章

重点申请人专利分析

本章全面分析量子计算领域重点申请人,主要内容包括重点申请人的专利态势分析、技术布局分析、技术主题、重要专利分析和技术合作网络等。

7.1 IBM

IBM 作为量子计算领域的领军者之一,开展量子计算研究已有 60 余年,持续开展基础量子信息科学研究,不断探索新的量子算法。2016 年,IBM 推出 IBM 6 量子比特原型机,开发出 5 位量子比特的量子计算机供研究者使用,上线全球首例量子计算云平台;2017 年,IBM 通过其官方博客宣布基于超导方案实现了 20 位量子比特的量子计算机,并构建了 50 位量子比特的量子计算机原理样机;2019 年 9 月,IBM 宣布开发出 53 位量子比特的量子计算机;2020 年 8 月,IBM 使用其最新的 27 位比特处理器实现了 64 位量子计算。

7.1.1　专利态势分析

图 7.1 所示为 IBM 历年的专利申请量。IBM 在量子计算领域累计申请专利 1256 件，其专利布局最早可追溯到 1962 年。在 2011 年以前，IBM 每年的相关专利申请量变化不大，均在 50 件以内，多数年份专利申请量只有个位数。从 2011 年起，IBM 的相关专利申请量从几十件增长至 2018 年的 200 余件，保持着较高的年申请量。

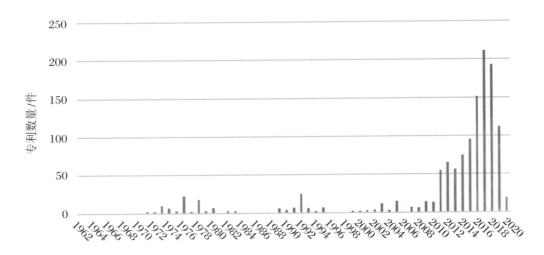

图 7.1　IBM 在量子计算领域历年的专利申请量

7.1.2　技术发展脉络

IBM 依托其较强的技术和应用基础，目前在量子计算方面具有领先优势，其技术路线的具体分析如图 7.2 所示。

量子计算技术应用与专利分析
Technology Application and Patent Analysis of Quantum Computing

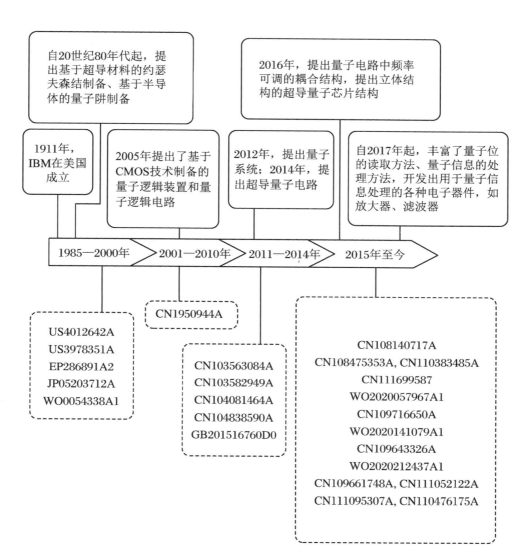

图 7.2　IBM 在量子计算领域的技术发展路线图

IBM 在量子计算硬件应用方面拥有较多的核心专利，如表 7.1 所示。

表 7.1　IBM 在量子计算领域的核心专利列表

序号	公开号	名　　称	申请日
1	WO0054338A1	用高速 Ge 沟道异质结构实现场效应	2000-03-11
2	CN1950944A	量子器件、量子逻辑器件、量子逻辑器件的驱动方法和使用量子逻辑器件得到的逻辑电路	2005-05-26

序号	公开号	名　　　称	申请日
3	CN104081464A	具有金属部件热化的共振腔的超导量子电路	2012-12-06
4	CN108140717A	腔滤波量子位	2016-07-12
5	CN108475353A	采用固定频率超导量子比特的多量子比特可调耦合结构	2016-10-07
6	CN110383485A	基于两个耦合的不同 transmon 的弱可调的量子比特	2017-11-24
7	CN111699587A	用于量子应用的高导热率基底上的微波衰减器	2019-01-25
8	WO2020057967A1	用于量子器件的低温片上的微波滤波器	2019-09-03
9	WO2020141079A1	在量子电路上映射逻辑量子位	2019-12-18
10	WO2020212437A1	倒装芯片量子计算设备的量子位频率调谐结构和制造方法	2020-04-15

7.1.2.1　WO0054338A1

申请日:2000 年 3 月 11 日。

专利名称:用高速 Ge 沟道异质结构实现场效应。

技术方案:一种用于形成高迁移率的分层异质结构 Ge 信道的场效应晶体管,包含多个半导体衬底上的半导体层和一个信道结构的压缩应变的外延 Ge 层,它具有更高的势垒、更深的限制量子阱和非常高的空穴迁移率,可以用于补充 MODFET 和 MOSFET。本发明提出了一个有限的合金散射作用于 P-沟道迁移率装置和压缩应变的 SiGe 沟道层。本发明还提供了改进方法,将量子状态中的迁移率和跨导过深的亚微米 Si 添加到一个具有宽操作温度的状态中,从而提升其性能。

7.1.2.2　CN1950944A

申请日:2005 年 5 月 26 日。

专利名称:量子器件、量子逻辑器件、量子逻辑器件的驱动方法和使用量子逻辑器件得到的逻辑电路。

技术方案:在 z 方向上封闭了载流子的 xy 平面中,具有二维电子气的第一传导构件和第二传导构件可以生成对第一传导构件产生影响电场的第三传导构件。通过流过第一传导构件与第二传导构件之间的隧道电流的绝缘构件,以及难以流过第一传导构件与第三传导构件之间的隧道电流的绝缘构件,可以使第三传导构件的电位产生电场,并对第一传导构件的子能带实施影响,从而提升性能。

7.1.2.3　CN104081464A

申请日:2012 年 12 月 6 日。

专利名称:具有通过金属部件热化形成共振腔的超导量子电路。

技术方案:一种量子电子电路器件,包括具有内部共振腔的壳、设置在内部共振腔中的量子位和非超导金属材料、非超导金属材料被机械热耦合到内部共振腔中的量子位。

7.1.2.4　CN108140717A

申请日:2016 年 7 月 12 日。

专利名称:腔滤波量子位。

技术方案:量子位连接到第一耦合电容器的第一端和第二耦合电容器的第一端。谐振器连接到第一耦合电容器的第二端和第二耦合电容器的第二端。该谐振器包括基本谐振模式。滤波器连接到量子位和第一或第二耦合电容器的第一端。

7.1.2.5　CN108475353A

申请日:2016 年 10 月 7 日。

专利名称:采用固定频率超导量子比特的多量子比特可调耦合结构。

技术方案:一种耦合机制、激活方法和方形格栅。耦合机制包括两个量子比特和可调谐耦合量子比特。可调谐耦合量子比特通过调制可调谐耦合量子比特的频率来激活两个量子比特之间的相互作用。可调耦合量子比特电容耦合两个量子比特。在两个量子比特的差异频率下调制可调谐耦合量子比特。差异频率可能明显大于两个量子比特的非简谐性。可调谐耦合量子比特通过具有两个约瑟夫森结的超导量子干涉设备(SQUID)环或者具有耦合到地的 SQUID 环的单个电极分开的两个电极来耦合两个量子比特。SQUID 环由位于可调谐耦合量子比特中心的电感耦合通量偏置线控制。

7.1.2.6　CN110383485A

申请日:2017 年 11 月 24 日。

专利名称:基于两个耦合的不同 transmon 的弱可调的量子比特。

技术方案:涉及超导量子装置。提供固定频率 transmon 量子比特和可调频率 transmon 量子比特。固定频率 transmon 量子比特耦合到可调频率 transmon 量子比特以形成单量子比特。

7.1.2.7　CN111699587A

申请日:2019 年 1 月 25 日。

专利名称:用于量子应用的高导热率基底上的微波衰减器。

技术方案:提供了与量子应用的微波衰减器或高导热率基底有关的技术。该设备可以提供大于限定的导热率水平的基底。设备还可以在基底的表面布置一条或多条薄膜线和一个或多个通孔,并将通孔的第一端连接到相应的薄膜连接器上,将通孔的第二端接地,从而大幅提升效率。

7.1.2.8　WO2020057967A1

申请日:2019 年 9 月 3 日。

专利名称:用于量子器件的低温片上的微波滤波器。

技术方案:一种片上微波滤波器电路,包括:① 由第一材料形成的衬底。衬底表现出不低于阈值水平的热导率,阈值水平的热导率是在量子计算电路工作的低温范围内实现的。② 对输入信号中的多个频率进行滤波的色散元件,包括设置在衬底上的第一传输线,第一传输线由第二材料形成,第二材料表现出不低于第二热导率的阈值水平,第二热导率的阈值水平是在量子计算电路工作的低温范围内实现的。上述分散部件还包括设置在衬底上的第二传输线,它由第二材料形成。

7.1.2.9　WO2020141079A1

申请日:2019 年 12 月 18 日。

专利名称:在量子电路上映射逻辑量子位。

技术方案:通过获得要在量子电路上执行的多个操作的序列来执行在量子电路上映射逻辑量子位中的交换插入。量子电路包括多个物理量子位、多个耦合和操作序列中引导未解析操作的阻塞集。该技术通过多个未分解操作的最短路径长度的总缩减,为多个耦合中的每个耦合计算第一耦合分数,这些操作都基于每个耦合的第一耦合分数来选择耦合。此外,通过从阻塞集中移除任何前导未解析操作来更新阻塞集,前导未解析操作在交换存储耦合连接的一对物理量子位中执行一对逻辑量子位指令,从而提升性能。

7.1.2.10　WO2020212437A1

申请日：2020 年 4 月 15 日。

专利名称：倒装芯片量子计算设备的量子位频率调谐结构和制造方法。

技术方案：量子计算设备包括具有第一衬底和设置在第一衬底上的一个或多个量子位的第一芯片。一个或多个量子位中的每一个都具有相关联的谐振频率。量子计算设备还包括第二芯片，第二芯片具有第二基板和与一个或多个量子位设置在第二基板上的至少一个导电表面。至少一个导电表面具有至少一个维度。至少一个维度被配置为与一个或多个量子位中的至少一个量子位相关联的谐振频率。

7.1.3　技术布局分析

7.1.3.1　布局范围

由图 7.3 可知，IBM 的量子计算专利主要布局在美国，共计 845 件，美国以外的专利布局主要集中在西欧、韩国、日本、中国、加拿大和澳大利亚，这表明 IBM 的量子计算产品更加注重这些市场。有 68 件专利通过 WIPO 国际专利申请体系进行布局，有 51 件专利通过 EPO 申请体系进行布局。

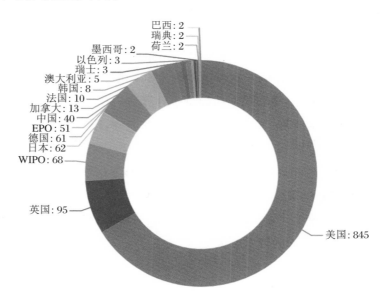

图 7.3　IBM 在量子计算领域全球专利布局范围

7.1.3.2 技术主题

由图 7.4 可知,IBM 在量子计算领域的专利布局主要集中在量子计算硬件方面,专利数量占比达到 93%,而在量子计算软件领域的专利布局较少,仅占总申请量的 1%,另有 6% 的专利布局在量子计算应用领域。

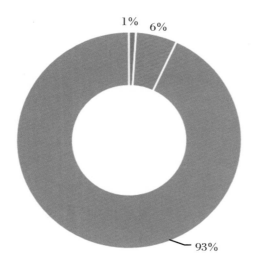

图 7.4　IBM 在量子计算领域总体专利技术布局

在量子计算硬件方面,IBM 在超导量子计算和半导体量子点量子计算这两条技术路线上均有专利布局。其中,专门针对超导量子计算布局的专利数量占量子计算硬件专利的 45.2%,专门针对半导体量子点量子计算布局的专利数量占量子计算硬件专利的 14.5%,两条技术路线通用的专利数量占比为 40.2%。由此可以看出,在量子计算硬件方面,IBM 的专利技术主要布局在超导量子计算这一技术路线上,但在半导体量子点量子计算方面也有大量涉及。在量子计算软件技术方面,IBM 的专利技术主要布局在源代码处理、类型系统、分布式计算等量子软件开发工具领域。在量子计算应用技术方面,IBM 的专利技术主要布局在生物科技、人工智能、搜索引擎等三个应用领域,还有部分技术涉及量子云和量子算法。

图 7.5 所示为量子计算领域内 IBM 的专利关键词,它有助于了解 IBM 相关的技术概念,借此区分不同公司的技术焦点。

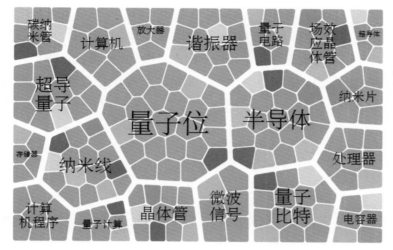

图 7.5　IBM 在量子计算技术领域的分布图

关键词通过使用 IBM 的专利计算得出。图中格子的数量表示专利覆盖率，每个格子代表相同数量的专利。

7.1.3.3　量子计算硬件技术分支布局分析

图 7.6 所示为 IBM 在量子计算领域的专利中硬件部分专利技术的布局构成，IBM 的硬件专利在超导约瑟夫森结制备方面占比最高，这与 IBM 在半导体领域深厚的技术积累有关。目前，超导量子芯片均借鉴传统半导体加工工艺，在晶圆上制备超导约瑟夫森

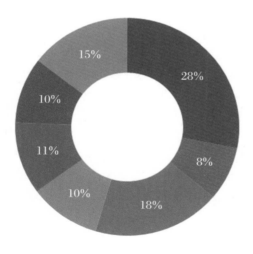

图 7.6　IBM 在量子计算硬件技术上的专利布局图

结以形成量子位。此外,逻辑门与逻辑门操作、低温电子器件方面的专利也占有相当大的比例。逻辑门与逻辑门操作用于对量子位进行调控,而低温电子器件影响着量子芯片的硬件适配电路,与量子计算结果的准确性紧密相连。因此,IBM 比较重视这两个方面的技术研发,对应的专利占比也较高。在参量放大器、信号源、信号耦合、量子态方面的专利占比相对少一些。

7.1.4　重要专利分析

IBM 的重点专利是我们综合考虑同族专利情况、权利要求数量、专利引证情况、技术代表性和法律状态后筛选确定的,一部分专利也通过 PCT 途径进入了全球多个国家和地区,包括中国市场(表 7.2)。对于部分所有权已经转移到其他公司的专利,本小节将不再涉及。

表 7.2　IBM 在量子计算领域的重点专利

序号	公　开　号	申　请　日	名　　称	技术领域	同族专利
1	US20150372104A1	2014-06-23	多通道全环绕栅极晶体管	晶圆制备	US9748352B2
2	US20130029848A1	2011-07-28	低损耗超导器件	微带传输线	无
3	US20130130037A1	2011-11-22	碳纳米管-石墨烯混合透明导体和场效应晶体管	晶圆制备	DE102012220314B4 GB2496956B US9954175B2 US9887361B2 US10566537B2
4	US20140264286A1	2013-03-15	悬浮超导量子比特	晶圆制备	US9716219B2 US10008655B2
5	US9735776B1	2016-09-26	可扩展的量子位驱动和读出	放大器	US10171077B2 WO2018055607A1 DE112017003036T5 JP2020501216A CN110024282A GB2569487A

序号	公开号	申请日	名　称	技术领域	同族专利
6	US20150270340A1	2014-03-21	用于场效应晶体管的纳米线堆栈	晶圆制备	US10170550B2 US10014371B2
7	US20120217468A1	2011-02-28	硅纳米场效管	晶圆制备	JP6075565B2 WO2012118568A3 CN103392234B DE112012000310B4 GB2500556B US8866266B2

7.1.5　技术合作网络

选取与 IBM 共同申请专利的专利权人作为分析对象,分析 IBM 在量子计算领域的研发网络构建情况。我们将在同一件专利中共同出现的专利权人的关系视为研发合作关系,合作的专利数量越多,说明 IBM 与该机构或个人建立的合作关系越紧密。接下来选取合作不低于 2 次的合作者进行分析,个别合作机构处于注销状态或者无资料可查且无其他专利申请时,会被认为是无效数据而剔除。

我们将合作网络参与者分为企业、大学和科研机构、个人。其中,个人类型的共同专利权人包括 IBM 内部的研发人员和前雇员,考虑到这种合作发生在组织内部,所以将这类合作者归入组织内部技术合作者。同时,IBM 还与代表美国政府的美国国家标准与技术研究院有 2 件共同专利申请。

7.1.5.1　与内部机构和员工合作研发

IBM 非常注重内部机构和员工之间的合作研发。在所有合作者中,与 IBM 总部进行专利合作最多的是 IBM 英国公司和 IBM 中国公司。由表 7.3 可知,合作者还包括来自 IBM 美国托马斯·J.沃森研究中心和 IBM 苏黎世研究中心的 6 位科研人员,这些科研人员成为 IBM 专利的共同专利权人,他们都是 IBM 内部优秀的科学家。IBM 研究院在全球拥有 12 个实验室,美国托马斯·J.沃森研究中心和苏黎世研究中心是其中两个知名的研发机构。部分知名学者包括:

（1）Cohen Guy，他是 IBM 美国托马斯·J.沃森研究中心半导体研究小组研究员，从事的工作包括自对准双栅 MOSFET、薄 SOI 的硅化物、顺应性衬底、硅上应变硅和混合硅定向基板，他在 IBM 率先研究出用于 CMOS 技术的硅纳米线。

（2）Riel Heike，他是 OLED 显示器方面的纳米技术专家，在 IBM 苏黎世研究中心工作，担任物联网技术和人工智能解决方案总监，以及物理科学总监。除了从事显示技术方面的工作之外，他还是分子电子学和纳米级半导体方面的专家。

（3）Avouris Phaedon，他是一位化学物理学家和材料科学家，因在碳纳米结构科学和技术方面、表面物理和化学方面的工作而受到认可。他是 IBM 研究员，也是 IBM 美国托马斯·J.沃森研究中心的纳米尺度科学和技术小组负责人，2004 年获选 IBM 院士（IBM Fellow）终身成就奖。他的研究兴趣主要涉及对电子结构与碳纳米结构（如碳纳米管和石墨烯）的电子和光子特性之间的关系及其在新的电子和光子技术中的可能用途的理解。

（4）Karg S. Friedrich，他是 IBM 苏黎世研究中心的纳米级设备和材料小组的研究人员。他在 2000 年加入 IBM，从事有机聚合物设备的物理和材料科学以及基于氧化物的电阻式存储器的研究。他目前的研究领域是电子和热电性质及其应用。

（5）Schmid Heinz，他是 IBM 苏黎世研究中心的纳米级设备和材料小组的高级工程师，致力于新型材料合成以及电子和光子设备在硅上集成领域的研究。他的工作重点是将Ⅲ-Ⅴ场效应晶体管与光学检测器、发射器集成在硅上，ⅢⅤ 和Ⅳ组材料的新型结晶相的合成和应用，以及外尔半金属。

（6）Björk Mikael，他是瑞典纳米材料开发公司 Sol Voltaics 的技术总监，该公司的代表性产品包括太阳能电池薄膜纳米线。他曾经在瑞士 IBM 研究中心任职 6 年。他与 IBM 合作的专利是他在 IBM 苏黎世研究中心工作时的职务成果。

（7）陈冠能，现任中国台湾阳明交通大学电子工程系特聘教授，主要研究方向是三维集成电路、异质整合技术及原件、先进封装技术，曾经在 IBM 美国托马斯·J.沃森研究中心工作多年。

表 7.3　组织内部技术合作者

主要合作者	合作专利数量	主营业务	所属机构	研究领域
IBM 英国公司	60	IT	IBM 英国公司	——
IBM 中国公司	15	IT	IBM 中国公司	——

主要合作者	合作专利数量	主营业务	所属机构	研究领域
Bangsaruntip Sarunya	4	研发	美国托马斯·J.沃森研究中心	纳米技术 纳米电子 硅纳米线 环栅晶体管 CMOS 缩放 碳纳米管电子传感器
Cohen Guy	4	研发	美国托马斯·J.沃森研究中心	分子电子学 非平衡量子动力学 量子蒙特卡罗
Riel Heike	3	研发	苏黎世研究中心	纳米技术 纳米电子 OLED 半导体纳米线
Avouris Phaedon	2	研发	美国托马斯·J.沃森研究中心	激光光谱 表面物理和化学 扫描隧道显微镜 原子操纵 纳米电子
Karg S. Friedrich	2	研发	苏黎世研究中心	基于氧化物的电阻式存储器
Schmid Heinz	2	研发	苏黎世研究中心	新型材料合成 电子和光子设备在硅片上的集成
Sleight Jeffrey	2	研发	美国托马斯·J.沃森研究中心	锗硅合金 CMOS 集成电路 CMOS 存储电路 SRAM 芯片
Björk Mikael	2	研发	（前雇员）苏黎世研究中心	纳米线
陈冠能	2	研发	（前雇员）美国托马斯·J.沃森研究中心	三维集成电路 异质整合技术及原件 先进封装技术

7.1.5.2 与外部企业合作研发

除了内部合作研发之外，IBM还与4家外部企业展开量子计算领域的技术合作（表7.4）。

表 7.4 外部企业技术合作者

主要合作者	合作专利数量	主营业务	区域
格芯公司	7	晶圆代工	美国
意法半导体股份有限公司	4	系统级芯片	瑞士
日本真空技术株式会社	3	真空设备	日本
雷神BBN科技有限公司	2	计算机网络	美国

（1）格芯公司（Global Foundries），全名为格罗方德半导体股份有限公司，是一家总部位于美国加州硅谷桑尼维尔市的半导体晶圆代工厂商，成立于2009年3月。格芯公司是由AMD公司与阿联酋阿布扎比先进技术投资公司（ATIC）、穆巴达拉（Mubadala）发展公司联合投资成立的半导体制造企业。公司旗下拥有位于德国德累斯顿市、美国奥斯汀市和纽约州（建设中）等地的多座工厂。值得注意的是，2017年，格芯公司12英寸晶圆成都制造基地项目开工；2020年，格芯公司成都项目尚未投产就关闭了。

（2）意法半导体（STMicroelectronics）股份有限公司成立于1987年6月，由意大利的SGS微电子（Società Generale Semiconduttori Microelettronica）公司和法国Thomson半导体（Thomson Semiconducteurs）公司合并而成。1998年5月，SGS-THOMSON Microelectronics将公司名称改为意法半导体股份有限公司。意法半导体股份有限公司是全球模拟集成电路、MPEG-2解码器集成电路和ASIC（专用集成电路）/ASSP的重要厂商。在存储器市场，意法半导体股份有限公司是NOR闪存的第四大供应商。在应用领域，意法半导体股份有限公司是机顶盒集成电路最大的供应商，智能卡和硬盘驱动集成电路及xDSL芯片的第二大供应商，无线通信业务和汽车集成电路的第三大供应商。

（3）日本真空技术株式会社（ULVAC Japan Ltd.），于1952年8月23日由日本生命保险公司、松下电器产业股份有限公司等6家企业共同投资成立。它是世界知名的真空技术公司，也是日本最大的真空设备制造企业。它在平板显示器、电子零部件、半导体、一般产业机器等领域从事装置研发、材料研发、分析评估和服务，生产的大中型真空设备广泛应用于电子、半导体、通信等领域。

（4）雷神 BBN 科技有限公司（Raytheon BBN Technologies Corp），一家位于美国马萨诸塞州剑桥市的高科技公司与国防承包商。由于取得了美国国防高等研究计划署的合约，曾经参与"阿帕网"与"因特网"的最初研发，BBN 科技公司在 20 世纪六七十年代被誉为剑桥的"第三大学"（除哈佛大学、麻省理工学院外）。2009 年，它成为雷神公司的子公司。根据《防务新闻》2005 年的数据，雷神公司是全球第五大军火供应商。

7.1.5.3 与大学和科研机构等合作研发

科研机构、大学是 IBM 重要的外部合作方。值得注意的是，一部分合作发生在公司与科研机构、大学之间，另一部分合作则发生在公司与大学学者个人之间（表 7.5）。

表 7.5　大学和科研机构类技术合作者

主要合作者	合作专利数量	合作者性质	区域
埃及纳米技术中心	6	科研机构	埃及
法国原子能和替代能源委员会	5	科研机构	法国
于利希研究中心	2	科研机构	德国
卡尔斯鲁厄理工学院	2	大学	德国

（1）埃及纳米技术中心是埃及通信和信息技术部（以信息技术产业发展局为代表）、埃及高等教育部（以开罗大学为代表）和埃及科学研究部（以科技发展基金为代表）之间合作的成果。该研究中心与 IBM 合作，派遣研究人员前往托马斯·J.沃森研究中心、苏黎世研究中心工作，并开展合作研究。因此，与其他大学和科研机构相比，埃及纳米技术中心天然地与 IBM 保持着非常紧密的合作关系。

（2）法国原子能和替代能源委员会是法国重要的研究、开发和创新机构，研究涉及低碳能源、信息与卫生技术、特大型实验装置、国防与全球安全四个领域。其与 IBM 的合作主要集中于半导体元器件和纳米技术。

（3）于利希研究中心是德国亥姆霍兹联合会下属的研究机构之一，成立于 1956 年。于利希研究中心的主要研究领域集中在能源与环境、信息科技、脑科学，现有超过 5000 名研究人员，是欧洲重要的研究机构之一。该研究中心在核物理、磁共振脑成像、太阳能电池和高倍透射电镜等方面的研究处于世界前沿。

（4）卡尔斯鲁厄理工学院，简称 KIT，创建于 1825 年，坐落于德法边境名城卡尔斯鲁厄，是一所进入全球百强的理工类研究型大学，享有极高的声誉。

图 7.7 所示为 IBM 在量子计算领域的技术合作网络，其中紫色节点代表 IBM 及其

组织内部的技术合作者,橙色节点代表外部企业技术合作者,绿色节点代表高校和科研机构类型的合作者。节点与节点之间连线的粗细代表合作频率,即作为共同申请人的专利数量。

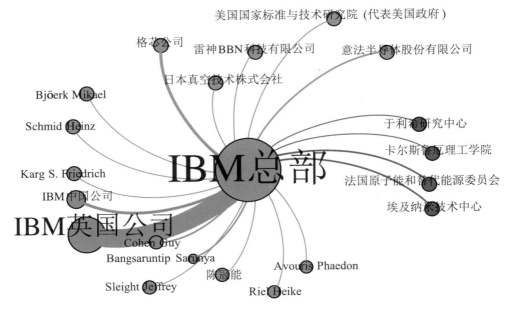

图 7.7　IBM 的技术合作网络(字号与合作关系强度成正比)

　　IBM 的专利技术合作者主要集中于其集团内部的公司和研究者个人,其中 IBM 英国公司、IBM 中国公司是主要的机构类合作者。与其他科技型集团公司不同的是,IBM 在研发活动中赋予了研究人员专利成果的所有权,许多在 IBM 研究院就职的科研人员都会作为共同专利权人出现。IBM 研究院通过分享专利的所有权建立起对研发人员的激励机制。

7.2　D-Wave 公司

　　D-Wave 公司是一家量子计算公司,成立于 1999 年,总部设在加拿大不列颠哥伦比亚省伯纳比市。D-Wave 公司是全球第一家销售应用量子效应的计算机的公司。D-Wave 公司的早期客户包括洛克希德·马丁公司、南加州大学、谷歌公司、NASA 和洛斯阿拉莫斯国家实验室。2015 年,D-Wave 公司的 2X 量子计算机具有 1000 多个量子比特,安装在 NASA Ames 研究中心的量子人工智能实验室中。D-Wave 公司随后发售了 2048 个量子位的系统。2019 年,D-Wave 公司发布其新的 Pegasus 芯片(每个量子位 15 个连接),并宣布在 2020 年中期提供 5000 个量子位的系统。

7.2.1　专利态势分析

　　图 7.8 所示为 D-Wave 公司历年的专利申请量。D-Wave 公司在量子计算领域累计申请专利 409 件,最早可追溯到 1999 年的一件名为"永久读出超导量子比特"的专利。同其他竞争者相比,D-Wave 公司在量子计算领域的专利布局时间较早,在 2001—2005 年间就已申请了大量专利,而同一时间段的 IBM、谷歌等公司仅有少量的专利布局。D-Wave公司的量子计算专利申请量从 2006 年开始严重下滑,2007 年的申请量为 0,从 2008 年开始恢复大数量申请,2013 年又下降至 10 件以下,但在 2014 年迎来较大增长。2014 年左右,IBM、谷歌等公司开始大规模进入量子计算技术领域,D-Wave 公司的专利布局于是作出调整。

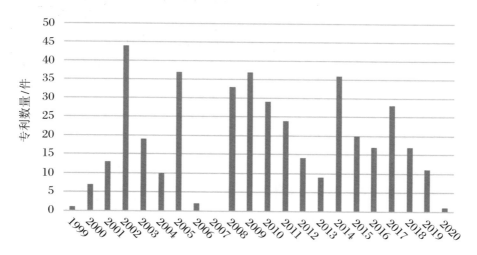

图 7.8　D-Wave 公司在量子计算领域历年的专利申请量

7.2.2　技术发展脉络

D-Wave 公司量子计算技术发展可划分为四个阶段(图 7.9)。

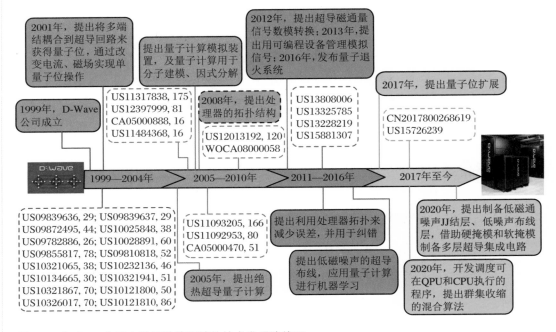

图 7.9　D-Wave 公司在量子计算领域的技术发展路线图

7.2.2.1　第一阶段:1999—2004 年

D-Wave 公司于 2001 年 4 月 20 日提出第一件量子计算的专利申请,申请号为 US09839636,提出将多端结耦合到超导回路,超导回路中的超导电流的量子态产生用于量子计算的量子位,通过向外部引线施加传输电流来初始化量子态。可以通过改变传输电流大小和/或外部施加磁场来执行任意的单量子位操作。通过对量子比特状态的磁矩的直接测量来执行读出,或者在确定量子计算的结果时,使用射频单电子晶体管电度表作为读出装置。2003 年,提出编码和差错抑制、3 个能级的量子逻辑。2004 年,提出量子比特控制、量子态纠缠,以及超导相-电荷的量子位。在这一时期,围绕以上主题提出一系列专利申请,如表 7.6 所示。

表 7.6　D-Wave 公司第一阶段专利申请情况

申请号	专利名称	被引证次数/同族	申请号	专利名称	被引证次数/同族
US09839636	具有多端结和带相移回路的量子比特	2/29	US09839637	具有多端结的量子比特和具有相移的环路	29/6
US09872495	超导相位量子比特的量子处理系统	44/15	US10025848	超导量子比特装置	38/2
US09782886	一种量子计算过程的优化方法	26/7	US10028891	量子计算集成开发环境	60/6
US09855817	在约瑟夫森结处使用磁通状态的量子计算方法	78/2	US09810818	基于时间反转对称破坏效应的超导量子比特	52/2
US10321065	超导结构的表征和测量	48/2	US10232136	超导低电感量子比特	46/2
US10134665	基板外控制系统	30/2	US10321941	多结相位量子比特	51/2
US10321867	控制超导量子比特的系统和方法	70/1	US10121800	量子相位-电荷耦合器件	50/2
US10326017	量子计算集成开发环境	70/1	US10121810	量子相位-电荷耦合器件	86/1

其中,同族最多的是 US09839636,在德国、奥地利、澳大利亚、日本、WIPO、EPO、加拿大、美国均提出了同族专利申请。被引证频次排名靠前的专利是 US10121810、US09855817、US10326017 和 US10321867。

（1）申请号：US10121810；申请日：2002 年 4 月 12 日；被引证次数：86；同族：1。

一种用于在相位量子比特和电荷量子比特之间执行量子计算纠缠操作的方法。提供相位量子比特和电荷量子比特之间的相干连接。相干连接允许相位量子比特的量子态和电荷量子比特的量子态彼此相互作用。在持续时间内调制相干连接。相位量子比特在持续时间的至少一部分内连接到电荷量子比特,以便可控地纠缠相位量子比特的量子态和电荷量子比特的量子态。

（2）申请号：US09855817；申请日：2001 年 5 月 14 日；被引证次数：78；同族：2。

一种固态量子计算结构,包括多组岛中的 D 波超导体、与第一超导组分离的约瑟夫森结。D 波超导体使各个结处的超导电流的基态双简并,两个超导电流的基态具有不同的磁矩。在结处的量子态产生量子比特,可以从存储体中均匀地初始化量子态,并且岛相对存储体的晶体取向影响初始量子态和基态之间的隧穿概率。约瑟夫森结与第二存储体通过单个电子晶体管耦合到岛,用于以不同的量子态选择性地初始化一个或多个超电流,在岛之间使用单电子晶体管来控制量子态演化时的纠缠。在量子态已经完成计算之后,通过另一组单电子晶体管接到岛,将结固定在具有确定磁矩的状态中,以便于在确定量子计算的结果时测量超导电流。

(3) 申请号:US10326017;申请日:2002 年 12 月 18 日;被引证次数:70;同族:1。

一种与计算机系统结合使用的计算机程序产品,该计算机程序产品包括嵌入其中的计算机可读存储介质和计算机程序机构。计算机程序机制包括量子计算集成开发环境(QC-IDE)模块和编译器模块。QC-IDE 模块用于为多个量子位设计量子逻辑。QC-IDE 模块包括用于生成时间解析运算符集的指令。编译器模块包括用于将时间解析运算符集合编译成一组量子机器语言指令。

(4) 申请号:US10321867;申请日:2002 年 12 月 17 日;被引证次数:70;同族:1。

一种用于控制超导量子比特的信息状态的系统和方法。该超导量子比特具有超导环路,超导环路包括体环路部分、介观岛部分、将体环路部分与介观岛部分分开的两个约瑟夫森结。专利描述方法可在介观岛部分上施加偏压。在实施例 1 中,该方法可驱动超导回路中的偏置电流。在实施例 2 中,该方法通过将磁通量耦合到超导回路中来驱动超导回路中的偏置电流。在实施例 3 中,控制系统包括将电感耦合到超导回路的储能电路。在实施例 4 中,通过被缠绕的量子比特之间的连接来提供量子比特之间的缠绕。

7.2.2.2　第二阶段:2005—2010 年

D-Wave 公司于 2005 年提出绝热超导量子计算。

(1) 申请号:US11093205;申请日:2005 年 3 月 28 日;被引证次数:166;同族:2。

一种使用包括多个超导量子比特的量子系统进行计算的方法。量子系统可以是至少两种构型中的任意一种,包括初始化哈密顿量 H_o 和问题哈密顿量 H_p。多个超导量子比特彼此相对布置,在多个量子比特中的各个超导量子比特对之间具有预定数量的耦合,通过预定数量的耦合的多个超导量子比特来共同定义要解决的计算问题。在该方法中,量子系统被初始化为初始化哈密顿量 H_o。量子系统然后被绝热地改变,直到系统被问题哈密顿量 H_p 的基态所描述。接着读出量子系统的量子态,从而解决拟解决的计算问题。

(2) 申请号:US11092953;申请日:2005 年 3 月 28 日;被引证次数:80;同族:2。

一种使用包括多个量子比特的量子系统进行量子计算的方法。该系统可以在任意给定时间内处于至少两种配置中的任意一种,包括以初始化哈密顿量 H_0 为特征的配置和以问题哈密顿量 H_p 为特征的配置。问题哈密顿量 H_p 有一个基态。这些量子位中的各个相应的第一量子位相对于这些量子位中的相应的第二量子位布置,使得它们限定预定的耦合强度。通过多个量子位中的量子位之间的预定耦合强度来共同定义拟解决的计算问题。在该方法中,系统被初始化为初始哈密顿量 H_0,量子系统然后被绝热地改变,直到系统被问题哈密顿量 H_p 的基态所描述。然后通过探测 σx Pauli 矩阵算子的一个可观测量来读出系统的状态。

(3) 申请号:WOCA05000470;申请日:2005 年 3 月 29 日;被引证次数:51;同族:1。

一种使用一个量子系统设置多个超导量子位的计算方法。量子系统可以解决任意包括至少两个结构(初始化哈密顿格 H_0 和哈密顿格 H_p)的计算问题。通过将多个超导量子位设置为预定数量的耦合点,共同限定拟解决的计算问题。在该方法中,量子系统被初始化到哈密顿格 H_0。量子系统然后被绝热并通过接地改变状态,直到描述该问题的哈密顿格 H_p 形成,从而解决所述的计算问题。

这一时期还提出了处理器的拓扑结构。

(4) 申请号:US12013192;申请日:2008 年 1 月 11 日;被引证次数:120,同族:2。

模拟处理器,如量子处理器包括多个细长量子位,使得每个量子位经由单个耦合器件选择性地直接耦合到其他各个量子位中。这样可以提供完全互连的拓扑。

(5) 申请号:WOCA08000058;申请日:2008 年 1 月 11 日;同族:1。

一个模拟处理器,如一个量子处理器包括多个细长的量子位,通过一个耦合装置让每个量子位可以选择性地被直接耦合到其他量子位。该技术可提供一种完全互连的拓扑。

该技术还提出了量子计算的几种应用。例如,量子计算模拟装置,量子计算用于分子建模、因式分解。

(6) 申请号:US11317838;申请日:2005 年 12 月 22 日;被引证次数:175;同族:2。

该技术提供了用于解决各种计算问题的模拟处理器。该模拟处理器包括多个布置在晶格中的量子器件和多个耦合器件。该模拟处理器还包括偏置控制系统,各个偏置控制系统被配置为对量子器件施加局部影响。多个耦合器件中的一组耦合器件被配置为耦合晶格中最近邻的量子器件,另一组耦合器件被配置为耦合器最近邻的量子器件。该模拟处理器还包括多个耦合控制系统,各个耦合控制系统被配置为将相应耦合装置的耦合值调谐到耦合。这种量子处理器还包括一组读出装置,各个读出装置被配置成测量多个量子装置的信息。

(7) 申请号:US12397999;申请日:2009 年 3 月 4 日;被引证次数:81;同族:2。

该技术提供了用于解决各种计算问题的模拟处理器。该模拟处理器包括排列在晶格中的多个量子器件和多个耦合器件。该模拟处理器还包括偏置控制系统,各个偏置控制系统被配置为在对应的量子器件上施加局部有效偏置。多个耦合器件中的一组耦合器件被配置为耦合晶格中最近邻的量子器件,另一组耦合装置被配置为耦合次近邻量子装置。该模拟处理器还包括多个耦合控制系统,各个耦合控制系统被配置为对应耦合装置的值。这种量子处理器还包括一组读出装置,各个读出装置被配置成测量来自多个量子装置中的对应量子装置的信息。

(8) 申请号:CA05000888;申请日:2005 年 6 月 6 日;被引证次数:16;同族:3。

混合经典-量子计算机的体系结构用于分子建模。混合计算机包括一个经典计算机和一个量子计算机。该方法使用一个分子的原子坐标 Rn 和 Zn 的原子电荷系统,以计算接地状态。该分子系统使用量子计算机的能量,接地状态的能量被返回到经原子坐标几何优化的经典计算机上,基于接地状态信息中的原子坐标的能量,以产生一个新的原子坐标 R′n 的系统。

(9) 申请号:US11484368;申请日:2006 年 7 月 10 日;被引证次数:16;同族:2。

提供了用于分解数字的系统、方法和设备。因子分解可以通过创建因子图、将因子图映射到模拟处理器、将模拟处理器初始化到初始状态、将模拟处理器演化到最终状态、从模拟处理器接收输出来实现,该输出包括一组该数字的因子。

7.2.2.3 第三阶段:2011—2016 年

2012 年,提出超导磁通量信号数模转换;2013 年,提出用可编程设备管理模拟信号;2016 年,发布量子退火系统;提出利用处理器拓扑来减少误差并用于纠错,低磁噪声的超导布线,以及利用量子计算进行机器学习。

(1) 申请号:US13808006;申请日:2011 年 11 月 10 日;被引证次数:16;同族:2。

用于读出超导磁通量子比特的状态的系统和方法,可以将表示量子比特状态的磁通耦合到可变变压器电路中的 DC-SQUID。DC-SQUID 与初级电感器并联电耦合,使得时变(如 AC)驱动电流在 DC-SQUID 和初级电感器之间以依赖于量子比特状态的比率被分压。初级电感器电感耦合到次级电感器,以提供指示量子位状态的时变(如 AC)输出信号,而不使 DC-SQUID 切换到电压状态。超导磁通量子比特和 DC-SQUID 之间的耦合可以通过包括多个锁存量子比特的路由系统来调节。多个超导磁通量子比特可以耦合到同一路由系统,从而可以使用单个可变变压器电路来测量多个量子比特的状态。

(2) 申请号:US13325785;申请日:2011 年 12 月 14 日;被引证次数:5;同族:2。

一种超导磁通数模转换器,包括超导电感阶梯电路。阶梯电路包括多个闭合的超导电流路径,每个超导电流路径包括串联的至少两个超导电感器,以形成相应的超导回路,连续相邻或相邻的超导回路彼此并联,并共享超导电感器中的至少一个以形成磁通分配器网络。数据信号输入结构将多位信号的相应位提供给超导回路中的每一个。数据信号输入结构可以包括一组超导量子干涉器件(SQUID)。数据信号输入结构也可以包括超导移位寄存器,如单通量量子(SFQ)移位寄存器或含多个锁存量子位的基于通量的超导移位寄存器。

(3) 申请号:US13228219;申请日:2011 年 9 月 8 日;被引证次数:17;同族:2。

用于可缩放量子处理器体系结构的系统、方法和设备。一种量子处理器通过提供能体现设备控制参数信号的存储器、寄存器,将该信号转换成模拟信号,既可以本地编程,也可以将模拟信号管理到一个或多个可编程设备中。

(4) 申请号:US15881307;申请日:2018 年 1 月 26 日;被引证次数:6;同族:1。

量子退火调试系统和方法。计算系统和方法利用量子处理器的特性,该量子处理器在退火演化过程中根据退火调度来确定或采样。在确定之后,退火演化可以被重新初始化、反转或继续。退火过程可以中断。退火演化可以在确定特性之前进行倾斜,或作为确定特性的一部分立即进行倾斜。退火演化可以在斜坡之前立即暂停或继续。问题的第二表示可以部分基于从对问题的第一表示执行的退火演化中确定的特征来生成。可以自主地将确定的特性与预期行为进行比较,并且基于该比较可选择提供警报和/或终止退火演化。可以执行退火演化的迭代,直到出现退出条件。

7.2.2.4　第四阶段:2017 年至今

D-Wave 公司于 2017 年提出了对量子位进行扩展的技术方案。

(1) 申请号:CN2017800268619;申请日:2017 年 5 月 3 日;被引证次数:1;同族:12。

该技术提供了操作具有更多数量逻辑装置(如量子位)的可扩展处理器的方法,利用 QFP 来实现移位寄存器、多路复用器(MUX)、解多路复用器(DEMUX)和永磁体存储器(PMM),采用 XY 或 XYZ 寻址方案,采用跨越装置阵列以"编织"图案延伸的控制线。这些方法特别适合实现此类处理器的输入和/或输出。

该技术提供了超导量子处理器,包括超导数模转换器(DAC)。DAC 通过动态电感并经薄膜超导材料和/或约瑟夫森结来存储能量,且可以使用单回路或多回路设计。该技术公开了能量存储元件的特定结构,包括曲折结构,还公开了 DAC 之间和/或目标装置的电流连接件、电感连接件。

(2) 申请号:US15726239;申请日:2017 年 10 月 5 日;同族:6。

该技术提出了另一种操作具有更多数量逻辑设备的可扩展处理器的方法,与前一种技术类似,该技术也可实现移位寄存器、多路复用器、解多路复用器和永磁体存储器等。

另外,D-Wave 公司还于 2020 年提出了制备低磁通噪声约瑟夫森结层、低噪声布线层,借助硬掩模和软掩模制备多层超导集成电路,以及调度可在 QPU 和 CPU 执行的程序。

7.2.3　技术布局分析

7.2.3.1　布局范围

　　由图 7.10 可知,虽然 D-Wave 公司是一家加拿大公司,但是其量子计算专利布局的第一大国是美国,占比超过 50%。D-Wave 公司在美国以外的专利布局主要集中在加拿大、日本、中国、澳大利亚、英国和韩国,这表明 D-Wave 公司更加注重这些市场。有 52件专利通过 WIPO 国际专利申请体系进行布局,有 41 件专利通过 EPO 申请体系进行布局。

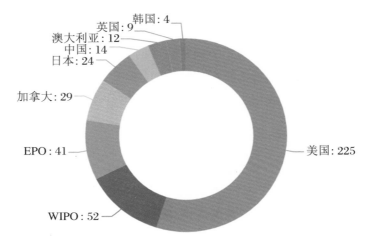

图 7.10　D-Wave 公司在量子计算领域全球专利布局范围

7.2.3.2　技术主题

　　由图 7.11 可知,D-Wave 公司在量子计算领域的专利布局主要集中在量子计算硬件方面,专利数量占比达到 96%,而在量子计算软件领域的专利布局较少,仅占总申请量的3%,另有 1% 的专利布局在量子计算应用领域。

　　在量子计算硬件方面,D-Wave 公司的专利主要布局在超导量子计算领域,其中专门针对超导量子计算布局的专利数量占量子计算硬件专利的 46.1%,另有 53.9% 的专利布局在各种技术路线的量子计算硬件的通用设备、工艺方面,如晶圆制备、信号耦合、容错纠错、掺杂技术、相干时间控制等。在量子计算软件技术方面,D-Wave 公司的专利技术主要布局在编程语言量子经典混合、类型系统等量子软件开发工具领域。在量子计算应用技术方面，D-Wave 公司的专利技术主要布局在生物科技领域。

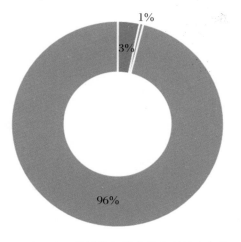

图 7.11　D-Wave 公司在量子计算领域总体专利技术布局

图 7.12 所示为量子计算技术领域内 D-Wave 公司的专利关键词，它有助于了解 D-Wave 公司相关的技术概念，借此区分不同公司的技术焦点。

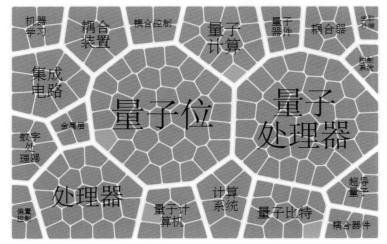

图 7.12　D-Wave 公司在量子计算技术领域的分布图

关键词通过使用 D-Wave 公司的专利计算得出。图中格子的数量表示专利覆盖率，每个格子代表相同数量的专利。

7.2.3.3　量子计算硬件技术分支布局分析

在 D-Wave 公司的专利布局中,硬件专利中逻辑门与逻辑门操作占比最多,如图 7.13 所示。首先,D-Wave 公司的专利主要集中在量子计算系统中,而在量子计算系统中又主要分布在逻辑门与逻辑门操作上,即对提高量子系统的运算效率、精确度尤为重视。其次,D-Wave 公司硬件专利在超导约瑟夫森结制备方面占比最高,超导约瑟夫森结作为超导量子位和超导量子芯片的基础单元,对提升超导量子芯片的性能有着重要影响,包括提升整个量子计算机的运算效率。最后,D-Wave 公司在低温电子、参量放大器、量子态方面也有专利涉及。

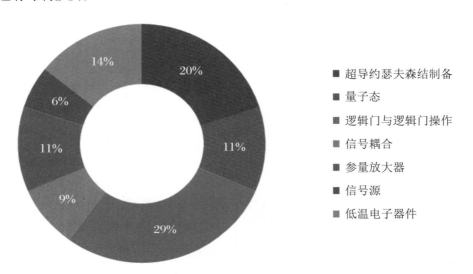

图 7.13　D-Wave 公司在量子计算硬件技术上的专利布局图

7.2.4　重要专利分析

D-Wave 公司的重点专利是我们综合考虑同族专利情况、专利要求数量、专利引证情况、技术代表性和法律状态后筛选确定的,一部分专利也通过 PCT 途径进入了全球多个国家和地区,包括中国市场(表 7.7)。对于部分所有权已经转移到其他公司的专利,本小节将不再涉及。

表 7.7　D-Wave 公司在量子计算领域的重点专利

序号	公 开 号	申 请 日	名　　称	技术领域	同族专利
1	US7135701B2	2005-03-28	超导量子比特的绝热量子计算	量子态	US20050224784A1 US20050250651A1 US20050256007A1 US20080086438A1 US7135701B2 US7418283B2 WO2005093649A1
2	US7533068B2	2005-12-22	包括量子器件的模拟处理器	晶圆制备	AU2005318843A1 AU2005318843B2 CA2592084A1 CA2592084C CA2853583A1 CA2853583C EP1851693A1 EP1851693A4 JP2008525873A JP5072603B2 KR101250514B1 KR1020070086702A SG133719A1 US10140248B2 US10346349B2 US10691633B2 US20060225165A1 US20090167342A1 US20110298489A1 US20130007087A1 US20140229705A1 US20150332164A1 US20170300454A1 US20190087385A1 US20190324941A1 US20200293486A1 US7533068B2

序号	公开号	申请日	名 称	技术领域	同族专利
2	US7533068B2	2005-12-22	包括量子器件的模拟处理器	晶圆制备	US8008942B2 US8283943B2 US8686751B2 US9069928B2 US9727527B2 WO2006066415A1
3	US6605822B1	2002-04-12	量子相电荷耦合器件	相干时间控制	US6605822B1
4	US7619437B2	2005-10-10	用于信息处理的耦合方法和体系结构	信号耦合	AU2005321780A1 AU2005321780B2 CA2593093A1 CN101095245A CN101095245B EP1831935A1 EP1831935A4 EP1831935B1 JP2008527684A JP5103189B2 KR101224442B1 KR1020070093073A US20060147154A1 US20100085827A1 US7619437B2 US7969805B2 WO2006069450A1
5	US6897468B2	2004-03-15	共振控制的量子比特系统	逻辑门与逻辑操作	AU2003218935A1 CA2482792A1 EP1518208A2 JP2005527902A US20040077503A1 US20040173787A1 US20040173792A1 US20040173793A1 US20050101489A1 US6897468B2

序号	公 开 号	申 请 日	名　　称	技术领域	同族专利
5	US6897468B2	2004-03-15	共振控制的量子比特系统	逻辑门与逻辑操作	US6900454B2 US6900456B2 US6930320B2 US6960780B2 WO2003090162A2 WO2003090162A3
6	US8169231B2	2008-09-23	用于量子位状态读出的系统、方法和装置	逻辑门与逻辑操作	CA2698132A1 CA2698132C CN101868802A CN101868802B EP2206078A1 EP2206078A4 EP2206078B1 JP2010541309A JP5351893B2 US20090078931A1 US8169231B2 WO2009039634A1
7	US7307275B2	2003-04-04	超导量子计算机的编码和误差抑制	容错纠错	US20040000666A1 US7307275B2

7.2.5　技术合作网络

选取与 D-Wave 公司共同申请专利的专利权人作为分析对象,分析 D-Wave 公司在量子计算领域的研发网络构建情况。我们将在同一件专利中共同出现的专利权人的关系视为研发合作关系,合作的专利数量越多,说明 D-Wave 公司与该机构或个人的合作关系越紧密。接下来选取合作不低于 2 次的合作者进行分析,个别合作机构处于注销状态或者无资料可查且无其他专利申请时,会被认为是无效数据而剔除。

D-Wave 公司的专利研发合作者主要为个人,包含组织内部合作者和大学学者。除此之外,D-Wave 公司还与多伦多大学拥有 4 件技术合作,多伦多大学是合作者中唯一的机构类合作者。表 7.8 展示的是组织内部合作者的信息,表 7.9 展示的是组织外部合作者的信息。

表 7.8 组织内部合作者

主要合作者	合作专利数量	主营业务	所属机构	职　　务	研究领域
Andrew J. Berkley	12	研发	D-Wave 公司	曾担任首席科学家	超导量子计算
Paul Bunyk	11	研发	D-Wave 公司	首席处理器架构师	超导电子 人工智能 量子计算 超级计算
Geordie Rose	8	研发	D-Wave 公司	公司创始人、前任 CEO/CTO	无
Mark W. Johnson	7	研发	D-Wave 公司	副总裁	超导 超导电子 量子计算
Richard G. Harris	5	研发	D-Wave 公司	高级科学家	无
Jan Johansson	5	研发	D-Wave 公司	前任研究员	材料表征
Mohammad Amin	4	研发	D-Wave 公司	雇员	量子计算 开放式量子系统 量子相变 超导量子电子学 约瑟夫森物理学
Jeremy Hilton	4	研发	D-Wave 公司	知识产权总监	无
Wilson Andrew	4	研发	D-Wave 公司	无	无
Dantsker Eugene	3	研发	D-Wave 公司	无	无
Eric Ladizinsky	3	研发	D-Wave 公司	联合创始人、现任首席科学家	超导集成电路制造工艺
Trevor Michael Lanting	3	研发	D-Wave 公司	雇员	计算物理量子计算
William Macready	3	研发	D-Wave 公司	前任高级副总裁	人工智能
Thomas Mahon	3	研发	D-Wave 公司	前任知识产权总监	无
Byong Hyop	3	研发	D-Wave 公司	无	无
Marshall Drew-Brook	2	研发	D-Wave 公司	雇员	无
Christopher B. Rich	2	研发	D-Wave 公司	实验室技术员	无
Steininger Miles	2	研发	D-Wave 公司	专利代理人	无

由表可知，D-Wave 公司的组织内部合作者中包含众多公司创始人及高管团队成员。与其他公司相比，D-Wave 公司内部雇员大多资历较浅，在学术论文方面贡献较少，主要成就表现在专利方面，而 IBM、谷歌公司等的内部雇员往往包含本行业知名学者和研究人员，在职期间发表了众多科学文献。值得注意的是，D-Wave 公司的专利合作者中不仅包含技术人员，还包括公司内部从事知识产权工作的人员，如前任和现任知识产权总监、专利代理人等。

表 7.9　组织外部合作者

主要合作者	合作专利数量	合作者性质	区　　域
多伦多大学	4	大学	加拿大多伦多大学
Peter Love	3	大学教授	美国塔夫茨大学物理与天文学系
Alexandre Blais	2	大学教授	加拿大舍布鲁克大学量子研究所
Sergey Uchaikin	2	大学教授	韩国基础科学研究所

图 7.14 所示为 D-Wave 公司在量子计算领域的技术合作网络，图中紫色和蓝色节点代表 D-Wave 公司的组织内部合作者，深蓝色节点代表公司创始团队成员及高管，浅蓝色节点代表公司专业从事知识产权工作的人员，紫色节点代表公司内部研发人员。图右下角节点代表组织外部合作者，黄色节点代表大学，橘黄色节点代表大学学者。节点与节点之间连线的粗细代表合作频率，即作为共同申请人的专利数量。

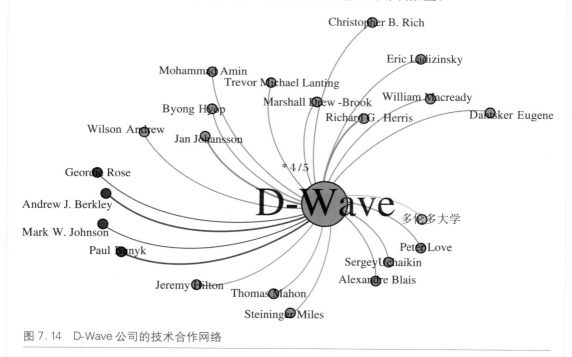

图 7.14　D-Wave 公司的技术合作网络

由图可知,D-Wave 公司的专利合作主要发生在公司与创始人团队、公司高管之间,尤其是公司早期专利的大多数专利权人是公司及核心团队成员。D-Wave 公司将知识产权管理团队成员也纳入专利权人,对知识产权管理团队形成激励机制,是众多公司中较有特点的一种模式。

7.3 谷歌公司

谷歌公司早在 2006 年就搭建了量子人工智能团队,由此开启了其在量子计算机领域的探索征程。2014 年,美国物理学会院士 John Martinis 加入谷歌公司,担任谷歌公司量子硬件首席科学家,领导构建量子计算机的工作。2013 年,谷歌公司与 NASA、大学空间研究协会(Universities Space Research Association)共同成立了量子人工智能实验室(Quantum Artificial Intelligence Lab,QuAIL)。谷歌公司在量子计算领域的主要技术布局包括超导量子芯片、量子测量、量子模拟、量子辅助优化、量子神经网络等。

7.3.1 专利态势分析

图 7.15 所示为谷歌公司量子计算领域历年的专利申请量。谷歌公司在量子计算领域累计申请专利 231 件,其专利布局最早可追溯到 2009 年。在 2014 年之前,谷歌公司每年的专利数量较少,均在 10 件以下。从 2014 年起,谷歌公司的专利申请量迅速增长,至 2017 年达到最大值。值得注意的是,2018 年,谷歌公司的量子计算专利申请量相比 2017 年大幅下降。

7.3.2 技术发展脉络

由图 7.16 可知,在成立量子人工智能团队、建立量子人工智能实验室并引入院士 John Martinis 后,谷歌公司在 2014 年提出了第一件量子计算专利申请,提出构建量子退火硬件、改善绝热量子计算的技术方案。

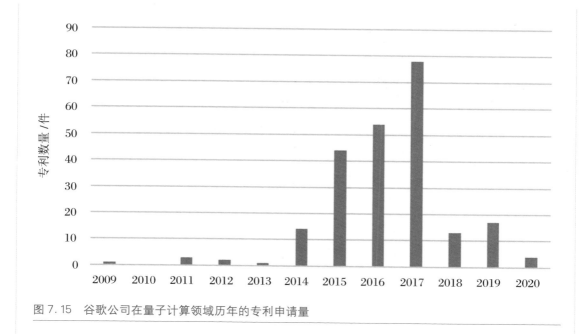

图 7.15　谷歌公司在量子计算领域历年的专利申请量

（1）申请号：CN2014800749780；申请日：2014 年 12 月 31 日；被引证次数：1；同族：29。

提出构建和编程量子硬件以用于量子退火过程的方法、系统和设备，该专利优先权为：2014 年 1 月 6 日的 US61924207，以及 2014 年 4 月 28 日的 US61985348。构建和编程量子硬件以抑制在计算的早期阶段量子位从瞬时基态向较高的能态激发。此外，构建和编程量子硬件也可协助在计算的较晚阶段量子位从较高能态向较低能态或基态弛豫。从而增加用于解决问题的哈密顿量的基态的鲁棒性。

（2）申请号：US16062076；申请日：2015 年 12 月 16 日；被引证次数：2；同族：1。

2015 年，继续就量子退火提出新的解决方案，该专利申请涉及一种量子计算装置，包括多个共面波导通量量子位和至少一个耦合器元件。该耦合器元件被布置成一种共面结构，其中每个共面波导通量量子比特皆可操作耦合。此外，该技术还涉及调谐量子装置，该装置可使第一共面波导通量量子比特和第二共面波导通量量子比特电接触。

2015 年，谷歌公司提出了包括经典计算和量子计算处理器的芯片——共面波导（Squid）。

（3）申请号：US15178136；申请日：2016 年 6 月 9 日；被引证次数：2；同族：16。

2016 年，谷歌公司围绕量子态相位估计、量子计算过程相关参数的校准、保真度估计等量子比特核心参数的品质优化提升，进行了一系列专利申请布局。其中，名称为"自动量子比特校准"的专利对量子计算的可靠性、稳定性有至关重要的影响。

该专利涉及用于自动量子位校准的方法和装置。这种方法包括：获得多个量子比特参数，以及描述多个量子比特参数对一个或多个其他量子比特参数的依赖性的数据；识别量子位参数；选择所识别的量子比特参数和一个或多个从属量子比特参数的一组量子比特参数；根据所述相关性数据顺序地处理量子位参数组中的一个或多个参数，包括量子位参数组中的参数、对参数执行校准测试，并在校准测试失败时，对参数执行第一校准实验或诊断校准算法。

2017 年，谷歌公司一方面围绕量子比特的集成扩展等深化研发布局，如提升集成度、扩展自由度；另一方面，围绕量子比特的核心元器件的品质性能，如约瑟夫森结的损耗及电阻、降低寄生电容等进行专利申请布局。其中，部分覆盖约瑟夫森结以降低约瑟夫森结损耗的方案在 8 个国家（组织）布局了专利申请；减小或最小化连接长度以提高集成度和扩展自由度的方案，也在 8 个国家（组织）布局了专利申请。

2018 年，谷歌公司将量子计算与神经网络相结合并提出量子神经网络架构，作为量子计算的一种应用。量子神经网络可以被训练用于执行机器学习任务，且不使用反向传播技术，从而简化训练过程并减少训练量子神经网络所需的处理时间和成本。例如，可以克服反向传播技术具有的众所周知的缺点：由于梯度消失和梯度爆炸而在学习过程中招致实际不稳定性，由于反向传播的顺序性质而在并行化大型神经网络时招致困难，等等。量子神经网络可以与经典神经网络相结合。与仅使用经典神经网络相比，若用描述的量子神经网络替换经典神经网络的层，则可以提高神经网络能够被训练和用于推理的精度和时间。相反，与仅使用量子神经网络相比，使用经典神经网络来执行一些预计算，可以生成描述的量子神经网络的经处理的输入，从而减少在训练和使用量子神经网络时所需的计算成本和资源。

2019 年，谷歌公司提出利用有向图校准系统参数，即用有向图表示系统参数和描述系统参数对一个或多个其他系统参数的依赖性的数据，有向图包括每个系统参数的节点和每个依赖性的有向边，再根据描述依赖性的数据依次校准系统参数集中的一个或多个参数。

2020 年，在量子门生成调控方面布局了一系列专利申请。例如，申请号为 WOUS20032063 的专利，涉及利用非正交的受控 Z 算子和交换算子生成量子门；申请号为 IN202047029322 的专利，涉及利用增强学习模型迭代调控量子门。

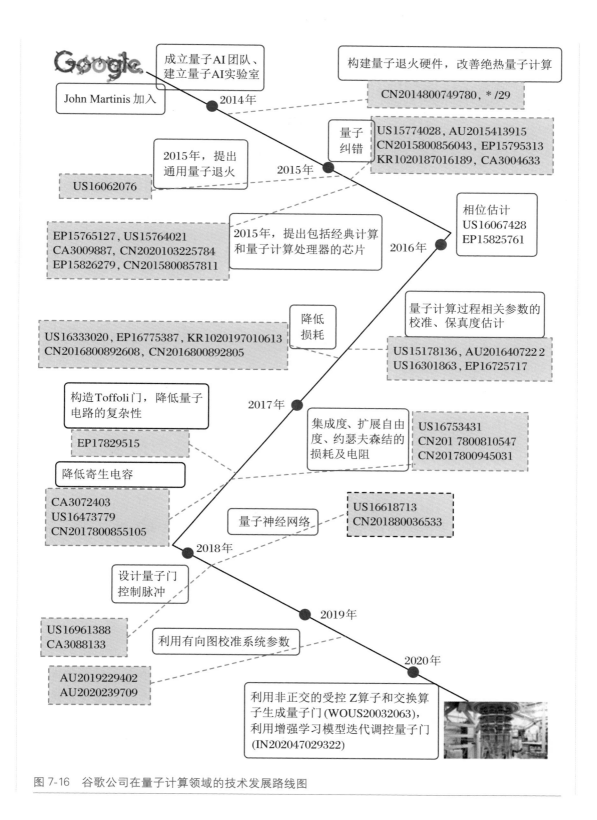

图7-16 谷歌公司在量子计算领域的技术发展路线图

7.3.3 技术布局分析

7.3.3.1 布局范围

由图7.17可知,谷歌公司的量子计算专利布局的第一大国是美国,但在全球其他市场也进行了专利布局,技术市场集中度相对分散,这表明谷歌公司对全球多个国家量子计算市场的重视。谷歌公司在美国以外的专利布局主要集中在澳大利亚、加拿大、中国、韩国,这表明谷歌公司的量子计算产品更加注重这些市场;有31件专利通过WIPO国际专利申请体系进行布局,有29件专利通过EPO申请体系进行布局。

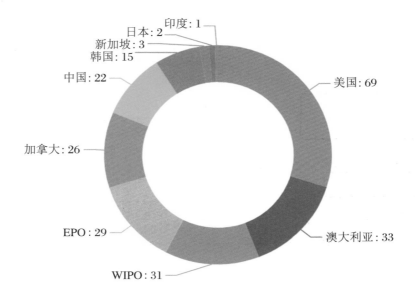

图7.17　谷歌公司在量子计算领域全球专利布局范围

7.3.3.2 技术主题

由图7.18可知,谷歌公司在量子计算领域的专利布局主要集中在量子计算硬件方面,专利数量占比达到91%,而在量子计算软件领域的专利布局较少,仅占总申请量的3%,另有6%的专利布局在量子计算应用领域。

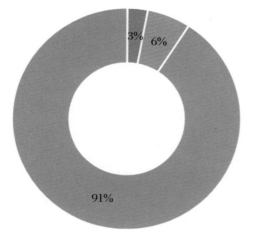

图 7.18　谷歌公司在量子计算领域总体专利技术布局

图例：
- 量子计算软件
- 量子计算应用
- 量子计算硬件

在量子计算硬件方面，谷歌公司的专利主要布局在超导量子计算领域，其中专门针对超导量子计算布局的专利数量占量子计算硬件专利总数的 46.1%，另有 53.9% 的专利布局在各种技术路线的量子计算硬件的通用设备、工艺方面，如晶圆制备、掺杂技术、相干时间控制等。在量子计算软件技术方面，谷歌公司的专利技术主要布局在 CPU、GPU、分布式计算、类型系统等量子软件开发工具领域。在量子计算应用技术方面，谷歌公司的专利技术主要布局在生物科技、人工智能、搜索引擎三个应用领域，还有部分技术涉及相位估计的量子算法。

图 7.19 所示为量子计算技术领域内谷歌公司的专利关键词，它有助于了解谷歌公司相关的技术概念，借此区分不同公司的技术焦点。

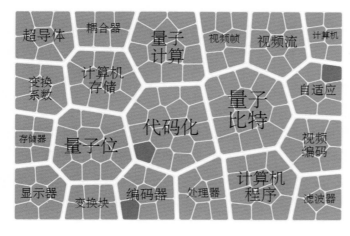

每个格子表示2件专利
- 谷歌有限责任公司
- 谷歌技术控股有限责任公司

图 7.19　谷歌公司在量子计算技术领域的分布图

关键词通过使用谷歌公司的专利计算得出。图中格子的数量表示专利覆盖率,每个格子代表相同数量的专利。

7.3.3.3 量子计算硬件技术分支布局分析

由图7.20可知,在谷歌公司的专利布局中,硬件专利中逻辑门与逻辑门操作占比最大。首先,谷歌公司的专利主要集中在量子电路、逻辑门与逻辑门操作方面,即对提高量子电路的运算效率、精确度方面尤为重视。其次,谷歌公司硬件专利在超导约瑟夫森结制备方面占比较高,超导约瑟夫森结作为超导量子位和超导量子芯片的基础单元,对提升超导量子芯片的性能有着重要影响,包括提升整个量子计算机的运算效率。最后,谷歌公司在信号耦合方面布局了不少专利,在低温电子、量子态方面也有专利涉及。

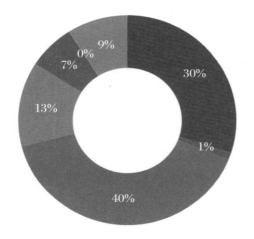

图7.20　谷歌公司在量子计算硬件技术上的专利布局图

7.3.4　重点专利分析

谷歌公司的重点专利是我们综合考虑同族专利情况、专利要求数量、专利引证情况、技术代表性和法律状态后筛选确定的,一部分专利也通过PCT途径进入了全球多个国家和地区,包括中国市场(表7.10)。对于部分所有权已经转移到其他公司的专利,本小节将不再涉及。

表 7.10　谷歌公司在量子计算领域的重点专利

序号	公开号	申请日	名称	技术领域	同族专利
1	US9175868B2	2014-08-12	恒温器和优化恒温器用户界面的方法	触发控制器	共 106 个同族 国内同族专利： CN103890667A CN103890667B CN103890675A CN103890675B CN103890683A CN103890683B CN103930759A CN103930759B CN105933189A CN105933189B CN107256011A CN107256011B
2	WO2015143439A1	2015-03-23	芯片，包括经典计算和量子计算处理器	晶圆制备	CA2943489C AU2015230964B2 US10671559B2 US20200257644A1
3	US20170359463A1	2017-06-13	动态启动自动呼叫	触发控制器	US20180220000A1 US10582052B2 US10827063B2 US10542143B2 US10574816B2 US10791220 US10560575B2 KR102155763B1 KR1020200106558A CN107493400A JP6736691B2 WO2017218560A1

序号	公 开 号	申 请 日	名　称	技术领域	同族专利
4	WO2017116442A1	2015-12-30	用于量子计算设备的高品质界面的层间电介质的构造	晶圆制备	EP3394905A1 US10403808B2 US10770638B2 CN111613716A CN109314174B CA3009887C
5	US9098808B1	2011-04-21	社交搜索引擎	搜索引擎	US8935192B1
6	US9852231B1	2014-11-03	用于知识扩展的可扩展图形传播	分布式计算	US10430464B1
7	US9135565B1	2012-04-20	多参考点的最短路径算法	分布式计算	US10268777B2 US10394792B1 US10504255B1 US20180285477A1 US8645429B1 US8793283B1 US8880941B1 US9026850B1 US9104665B1 US9135565B1 US9385845B1 US9495477B1 US9652876B1 US9727425B1 US9819731B1 US9870631B1

7.3.5　技术合作网络

选取与谷歌公司共同申请专利的专利权人作为分析对象,分析谷歌公司在量子计算领域的研发网络构建情况。我们将在同一件专利中共同出现的专利权人的关系视为研发合作关系,合作的专利数量越多,说明谷歌公司与该机构或个人的合作关系越紧密。接下来选取合作不低于 2 次的合作者进行分析,个别合作机构处于注销状态或者无资料可查且无其他专利申请时,会被认为是无效数据而剔除。

同其他公司(如 IBM)与外部企业、大学和科研机构建立多元化的专利合作研发关系不同,谷歌公司的专利研发合作者主要为个人。

图 7.21 所示为谷歌公司在量子计算领域的技术合作网络,其中紫色节点代表谷歌公司及组织内部合作者。节点与节点之间连线的粗细代表合作频率,即作为共同申请人的专利数量。谷歌公司的专利技术合作者主要集中在该集团内部的研究者个人。表7.11 展示了组织内部合作者的信息。

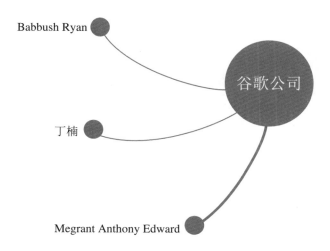

图 7.21　谷歌公司的技术合作网络

表 7.11　组织内部合作者

主要合作者	合作专利数量	主营业务	所属机构	研究领域
Megrant Anthony Edward	3	研发	量子人工智能团队	无
Babbush Ryan	2	研发	谷歌研究院	算法与理论 机器智能 量子计算 软件工程
丁楠	2	研发	谷歌研究院	量子计算 机器智能 机器感知

（1）Megrant Anthony Edward，曾经在美国军队服役，2001 年退伍，2009 年获得康奈尔大学应用物理学学士学位，2016 年获得 UCSB 材料学博士学位。2015 年加入谷歌公司量子人工智能团队，目前从事研发工作。

（2）Babbush Ryan，谷歌公司量子算法小组负责人，从事实用量子算法的开发，以在新生的量子处理器上有效地模拟经典计算机难以处理的物理系统。

（3）丁楠，任职于谷歌研究院，2008 年获得清华大学电子工程系学士学位，2012 年获得普渡大学硕士学位，2013 年获得普渡大学计算机科学系博士学位。

7.4　本源量子

本源量子成立于 2017 年 9 月，总部位于合肥市高新区，在北京、上海、成都、深圳等地设有分支机构。该公司的技术起源于中国科学院量子信息重点实验室，以量子计算机的研发、推广和应用为核心，专注于量子计算全栈开发和各软、硬件产品，是国内量子计算领域的初创企业。

7.4.1　专利态势分析

图 7.22 所示为本源量子历年的专利申请量。本源量子在量子计算领域累计申请专利 73 件，与其他科技巨头相比差距较大。本源量子创立于 2017 年，其专利申请时间也始于 2017 年，从 2017 年到 2019 年其专利申请量呈增长态势。总体来看，本源量子的专利布局尚处于起步阶段，与 Rigetti 公司一样处于初创企业的技术积累阶段。

7.4.2　技术布局分析

7.4.2.1　布局范围

由图 7.23 可知，本源量子的量子计算专利全部布局在中国，共计 73 件专利。考虑到本源量子成立时间较晚，部分国家的专利申请存在尚未公开的情形。

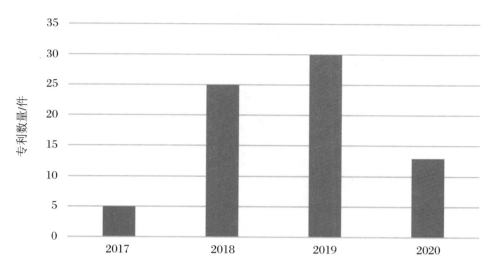

图 7.22   本源量子在量子计算领域历年的专利申请量

中国:73

图 7.23   本源量子在量子计算领域全球专利布局范围

7.4.2.2   技术主题

由图 7.24 可知，本源量子在量子计算领域的专利布局主要集中在量子计算硬件方面，专利数量占比为 84%。与其他竞争者相比，本源量子在量子计算应用方面进行了较多的专利布局，占比为 10%。另有 6% 的专利布局在量子计算软件领域。

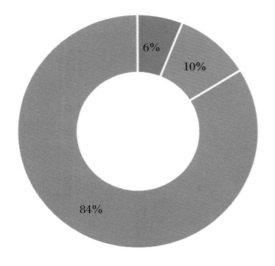

图 7.24　本源量子在量子计算领域总体专利技术布局

　　在量子计算硬件方面,本源量子的专利主要布局在超导量子计算这一技术路线上,包括逻辑门与逻辑门操作、放大器、超导约瑟夫森结制备、晶圆制备等。在量子计算软件技术方面,本源量子布局了量子经典混合、分布式计算、类型系统、源代码处理、中间代码生成等与量子软件开发工具相关的专利。在量子计算应用技术方面,本源量子的专利技术主要布局在生物科技、数据处理、搜索引擎等三个应用领域,还有部分技术涉及 Shor 算法、相位估计和量子云。

　　图 7.25 所示为该技术领域内本源量子的专利关键词,它有助于了解本源量子相关的技术概念,借此区分不同公司的技术焦点。

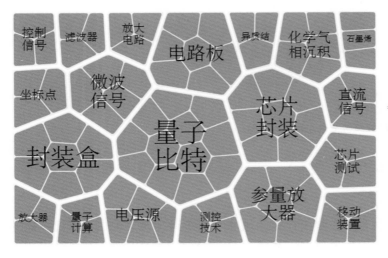

图 7.25　本源量子在量子计算技术领域的分布图

关键词通过使用本源量子的专利计算得出。图中格子的数量表示专利覆盖率,每个格子代表相同数量的专利。

7.4.3 重点专利分析

本源量子的重点专利是我们综合考虑同族专利情况、专利要求数量、专利引证情况、技术代表性和法律状态后筛选确定的,一部分专利也通过 PCT 途径进入了全球多个国家和地区(表 7.12)。对于部分所有权已经转移到其他公司的专利,本小节将不再涉及。

表 7.12　本源量子在量子计算领域的重点专利

序号	公 开 号	申 请 日	名　　　称	技术领域	同族专利
量子比特控制信号生成与读取					
1	WOCN19/086169	2019-05-09	一种量子比特控制信号生成系统	超导量子计算测量控制技术	CN2019100934697 CN2019100942208
2	2019100942123	2019-01-30	一种量子芯片反馈控制方法		无
3	2019100942176	2019-01-30	一种量子测控系统		无
4	2019100934682	2019-01-30	一种多通道量子测控系统		无
5	201910522965X	2019-06-17	一种量子参量放大器	参量放大器	无
6	2019105254399	2019-06-17	一种量子参量放大器		无
7	2019105229556	2019-06-17	一种量子参量放大器		无
8	2018113636583	2018-11-16	一种 JPA 的性能测试方法		无
量子计算处理系统					
9	2019110392736	2020-07-17	量子芯片系统、量子计算处理系统和电子设备	逻辑门与逻辑门操作	无
10	201911284487X	2020-07-17	量子芯片控制器、量子计算处理系统和电子设备		无

序号	公 开 号	申 请 日	名　　称	技术领域	同族专利
量子机器学习框架构建					
11	WOCN19086064	2019-05-08	量子机器学习框架的构建方法、装置，量子计算机及计算机存储介质	深度学习	CN2019100716508
量子模拟器					
12	2020102604336	2020-04-03	基于 MPI 多进程的含噪声单量子逻辑门的实现方法	量子态、振幅	无
13	2020102635993	2020-04-03	基于 MPI 多进程的含噪声双量子逻辑门的实现方法		无
14	2019102814914	2020-04-09	一种基于 MPI 多进程的单量子逻辑门的实现方法	量子态、振幅	无
12	2019102814929	2020-04-09	一种基于 MPI 多进程的双量子逻辑门的实现方法		无

7.4.3.1　一种量子比特控制信号生成系统

该系列专利由本源量子在 2019 年申请，在 WIPO 提出了相关专利布局。

该专利涉及信号生成技术领域，提供了一种量子比特控制信号生成系统，通过主控模块和上位机下发的目标标签码和目标时间码，控制控制信号生成模块生成量子比特控制信号。由于将对应量子逻辑门的控制信号以第一标准信号的形式预存在主控模块中，并采用目标标签码和在主控模块存储与第一标准信号对应的第一地址码的形式来生成待处理信号，从源头上大大降低了对主控模块的容量存储要求，同时可以通过组合来实现任意量子程序的基本量子逻辑门的集合，并输出量子比特控制信号，从而实现任意目标量子程序。该专利能够快速提供量子比特控制信号，从而大大提高控制信号生成模块的响应速度，并提高后级量子运算的速度。

7.4.3.2 一种量子参量放大器

该系列专利由本源量子在 2019 年申请,已在 WIPO 提出了相关专利申请。

该专利涉及一种量子参量放大器,量子参量放大器包括依次连接的用于组成振荡放大电路的电容模块、反射式微波谐振腔、可调电感的超导量子干涉装置。超导量子干涉装置在远离反射式微波谐振腔的一端接地,通过调节超导量子干涉装置的可调电感来使反射式微波谐振腔的谐振频率等于待放大信号的频率,待放大信号从电容模块处耦合进入振荡放大电路,振荡放大电路在泵浦信号的作用下放大待放大信号,并产生若干种闲频信号(包括第二微波谐振腔)。第二微波谐振腔连接在反射式微波谐振腔远离电容模块的一端,第二微波谐振腔的谐振频率与其中一种闲频信号的频率相等。该量子参量放大器处于最佳工作模式的泵浦信号的频率无需选择为待放大信号频率的倍频。

图 7.26 所示为该专利提供的一种量子参量放大器的原理图。该量子参量放大器包括电容器模块(100)、第一微波谐振腔(200)和电感可调节的超导量子干涉装置(310),将它们依次连接可构成振荡放大电路。其中,电容器模块(100)、第一微波谐振腔(200)和超导量子干涉装置(310)顺序连接,超导量子干涉接地装置(320)接地。调节超导量子干涉装置(310)的电感,使第一微波谐振腔(200)的谐振频率等于待放大信号的频率,并使待放大信号 f_s 在第一谐振腔中具有最佳的谐振放大效果。在微波谐振腔(200)中,待放大信号 f_s 从电容器模块(100)耦合到振荡放大电路,待放大信号 f_s 和泵浦信号 f_p 在第一微波谐振腔(200)中发生非线性相互作用,进一步放大待放大信号 f_s。应注意的是,泵浦信号 f_p 也从电容器模块(100)耦合到振荡放大电路中。待放大信号 f_s 与泵浦信号 f_p 发生非线性相互作用之后,输出信号不仅包括放大信号,还包括各种空闲频率信号 f_i,即振荡放大电路在泵浦信号 f_p 的作用下放大待放大信号 f_s,并产生几种类型的空闲频率信号 f_i。

图 7.27 所示为该专利提供的第二种量子参量放大器的原理图。它与图 7.26 的不同之处在于,此量子参量放大器还包括第二微波谐振腔(500)。第二微波谐振腔(500)设置在超导量子干涉装置(310)靠近第一微波谐振腔(200)的一端。第二微波谐振腔(500)的谐振频率等于振荡放大电路产生的一种空闲频率信号的频率。调节超导量子干涉装置(310)的电感,可以使第一微波谐振腔(200)的工作频率等于待放大信号的频率,从而使待放大信号在第一微波中具有最佳的谐振放大效果。在第一微波谐振腔(200)中,待放大信号 f_s 从电容器模块(100)耦合到振荡放大电路,并且待放大信号 f_s 和泵浦信号 f_p 在第一微波谐振腔(200)中进行非线性相互作用,从而进一步放大第一微波谐振腔(200)。信号 f_s 被放大。应当注意的是,泵浦信号 f_p 也从电容器模块(100)耦合到振荡放大电路中。在待放大信号 f_s 与泵浦信号 f_p 进行非线性相互作用之后,输出信号不仅包括放大信号,还包括各种空闲频率信号 f_i,即振荡放大电路在泵浦信号的作用下

放大待放大信号 f_s,并生成几种类型的空闲频率信号 f_i。

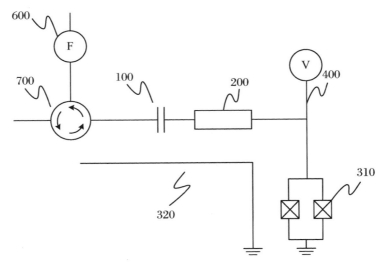

图 7.26　第一种量子参量放大器的原理图

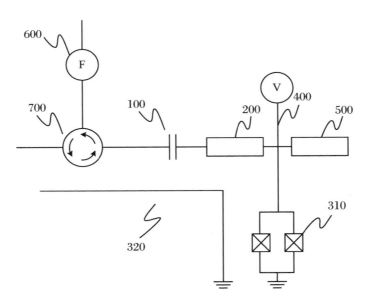

图 7.27　第二种量子参量放大器的原理图

　　另外,图 7.28 所示为该专利提供的第三种量子参量放大器的原理图。该量子参量放大器包括电容器模块(100)、第一微波谐振腔(200)和电感可调节的超导量子干涉装置(310),将它们顺序连接可构成振荡放大电路,其作用原理类似第二种量子参量放大器,但实现路径有所差别。

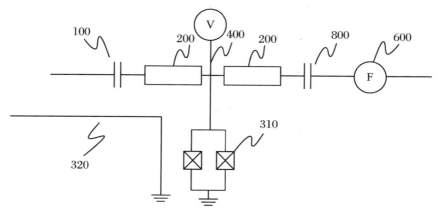

图 7.28　第三种量子参量放大器的原理图

7.4.3.3　量子计算处理系统

该系列专利由本源量子在 2019 年申请,据了解已在 WIPO 进行了相关专利布局。

(1) 申请号:2019110392736,名称:量子芯片系统、量子计算处理系统和电子设备。

该专利涉及量子芯片系统(图 7.29)、量子计算处理系统和电子设备。量子芯片系统包括:至少一个第一量子比特,每个第一量子比特包括至少两个控制电极;用于控制上述控制电极的第一事件寄存器。其中,第一事件寄存器用于存储控制电极的一种控制信号,每个第一量子比特对应至少两个第一事件寄存器。提供了一种量子计算处理系统,包括译码转换设备,它可产生量子程序以控制量子芯片系统的操作。本专利开发了一种量子计算处理系统,该系统可以执行更加灵活的量子比特操作。

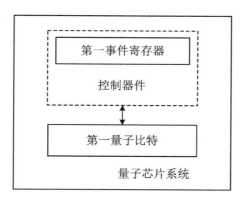

图 7.29　量子芯片系统的示意框图

（2）申请号：201911284487X，名称：量子芯片控制器、量子计算处理系统和电子设备。

该专利涉及量子芯片控制器（图 7.30）、量子计算处理系统和电子设备。量子芯片控制器包括：指令执行单元，用于执行量子指令以产生量子事件及其对应的时间点；量子芯片队列控制单元，包括事件队列和时间队列。事件队列用于存储拟执行的量子事件；时间队列用于存储与拟执行的量子事件相对应的时间点和时间计数器，以及对时间进行计数。其中，当时间计数器中计数的时间与时间队列中的时间点相等时，从事件队列读取该时间点对应的量子事件，用于量子芯片执行相应的量子事件。时间计数器包括：使能控制部分，用于控制时间计数器计数的开始和暂停；一种量子计算处理系统，包括译码转换设备，用于产生量子程序。根据实施例，量子芯片控制器接收量子程序中的量子指令并获取对应的时间点与量子事件，以通过量子比特控制装置控制量子比特执行相应的量子操作。该技术还提供了一种电子设备，包括实施例涉及的量子计算处理系统。此外，在不同的实施例中，该技术还可以实现对量子芯片处理的时钟控制。

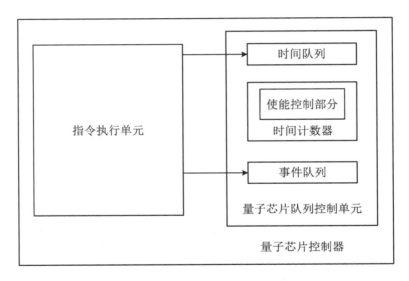

图 7.30　量子芯片控制器的示意框图

7.4.3.4　量子模拟器与量子计算模拟

量子计算通过量子逻辑门作用在量子比特上来实现量子比特逻辑状态的改变。量子比特的逻辑状态可能为 $|0\rangle$ 态、$|1\rangle$ 态、$|0\rangle$ 态与 $|1\rangle$ 态的叠加态，这种叠加性使量子计算的计算能力随着量子比特的增加呈指数级增长。

目前，单量子逻辑门、双量子逻辑门是基于单进程实现的，随着量子比特的数量增加，其计算能力与计算效率大幅下降，通过信息传输接口（Message Passing Interface，

量子计算技术应用与专利分析
Technology Application and Patent Analysis of Quantum Computing

MPI)工具,重新修改并配置新的并行计算算法,可实现多台计算机多个进程的并行计算,提高计算效率。

另外,单量子逻辑门、双量子逻辑门在真实的量子计算机中,仍受制于量子比特自身的物理特性,常常存在不可避免的设计误差,为了能在量子虚拟机中更好地模拟这种误差,需要引入含噪声的单量子逻辑门。

针对以上问题,本源量子在 2019 年、2020 年分别提出了涉及量子模拟器的一系列专利申请。

(1) 一种基于 MPI 多进程的单量子逻辑门实现方法。该专利公开了一种基于 MPI 多进程的单量子逻辑门实现方法,包括:配置 N 个量子比特,将量子比特编号为比特位 n;N 为正整数,$0 \leqslant n \leqslant N-1$;确定量子态和量子态的下标值,共有 2^N 个量子态,上标值为量子态对应的十进制值;初始化量子态;配置 2^M 个基于 MPI 通信的进程,并将所有量子态按照下标值的大小依次均匀存储至各进程,M 为整数,且 $M \geqslant 1$,$N \geqslant M+1$;根据单量子逻辑门拟操作的量子比特位、基于 MPI 的多个进程实现单量子逻辑门的运算。本专利能够提高基于单量子逻辑门的量子计算的计算能力与计算效率。

(2) 一种基于 MPI 多进程的含噪声单量子逻辑门的实现方法(图 7.31),该专利公开了一种基于 MPI 多进程的含噪声单量子逻辑门的实现方法,包括:配置 N 个量子比特和 2^M 个基于 MPI 通信的进程,并将 2^N 个量子态均匀存储在 2^M 个进程中,各量子比特编号为比特位 n,并设置第一个进程中的第一个量子态的值为 1;将单量子逻辑门设置为指定噪声模型;通过计算指定噪声模型中各噪声算子对应的概率,确定需要被执行的噪声算子;基于噪声算子和单量子逻辑门得到变换矩阵,根据变换矩阵,由进程进行量子态的变换运算。本专利能够提高含噪声单量子逻辑门的计算能力与计算效率。

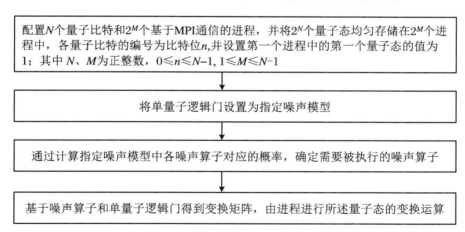

图 7.31 基于 MPI 多进程的含噪声的单量子逻辑门的实现方法流程图

7.4.3.5 量子机器学习框架构建

该系列专利由本源量子在 2019 年申请,已在 WIPO 进行了相关专利布局。

量子计算机是遵循量子力学规律进行高速数学和逻辑运算、存储和处理量子信息的物理装置。量子计算机(10)包括存储器(12)、经典处理器(14)和量子处理器(16),如图 7.32 所示。需要说明的是,经典处理器(14)用于运行存储在存储器(12)上的程序、生成量子程序、调用量子程序执行接口。量子程序执行接口连接量子处理器(16),量子处理器(16)包括量子程序编译控制模块和量子芯片。量子程序编译控制模块用于量子程序编译和转换控制量子芯片运行所需要的模拟信号。量子芯片运行模拟信号以改变量子比特量子态。量子程序编译控制模块测量量子比特的量子态,并将获得的反映量子比特量子态的模拟信号转换为数字信号,再发送给经典处理器(14)。经典处理器(14)处理数字信号,从而获得量子态分布概率。

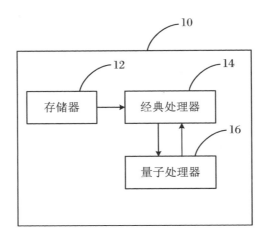

图 7.32　量子计算机的连接框图

针对现有的机器学习框架中没有量子计算的任何组件,以及现有量子算法无法和传统的神经网络结合使用的问题,该专利申请通过获得设定问题对应的哈密顿量和该设定问题所需的量子比特数,并根据量子比特数获得目标比特,基于目标比特和哈密顿量获得设定问题的含参量子线路,从目标比特中确定待测量子比特,基于待测量子比特、哈密顿量和含参量子线路,构建提供求期望值接口和求梯度接口的量子操作节点类。通过调用插设在预设机器学习框架中的量子操作节点类具备的求梯度接口和求期望值接口来求解设定问题,以构建量子机器学习框架,使该量子机器学习框架能够应用于量子计算机中。在上述过程中,由于量子操作节点类具有求期望值接口,使得量子操作节点类可以像经典神经网络节点一样适用于正向传播算法；由于量子操作节点类具有求梯度接口，使得量子操作节点类可以像经典神经网络节点一样适用于反向传播算法，从而实现神经网络和量子计算的混合编程，进而使量子计算机能够进行机器学习。

在具体操作的时候，考虑到量子逻辑门包括含参量子逻辑门和固定量子逻辑门，而含参量子逻辑门和固定量子逻辑门均包括量子逻辑门种类标识和参数，因此为了在经典计算机中有效地描述量子逻辑门，该专利申请提供了如图 7.33 所示的含参量子逻辑门的数据节点。该含参量子逻辑门数据节点（Variational Quantum Gate，VQG）的内部维护着一组变量参数和一组常量参数。在构造 VQG 节点的时候只能对其中一组参数进行赋值。若含有一组常量参数，则可以通过 VQG 生成含常量参数的普通量子逻辑门（即固定参数的量子逻辑门）；若含有变量参数，则可以动态修改参数值，并生成对应的量子逻辑门。

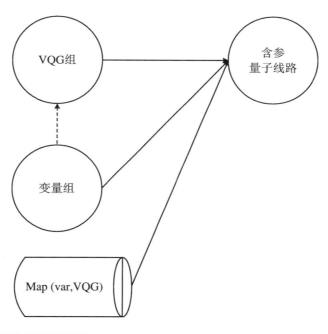

图 7.33　含参量子逻辑门的数据节点

将量子计算引入到传统的机器学习框架中，并引入量子操作。量子操作不同于现有的"＋""－""＊""/""＊""sin""log"等操作，直接对一个变量或两个变量进行操作，而是通过含参量子线路操作变量，并结合设定问题、该设定问题所需的量子比特、待测量子比特来实现量子计算功能，如实现求期望和求梯度的功能。在图 7.34 中，圆形图标代表变量，横向圆柱形图标代表参数，箭头指向代表各个节点之间的关系以及参数与节点变量之间的关系。量子操作节点类通过组合量子线路、待测量子比特、哈密顿量来构建获得，通过量子线路中给定的变量值可以计算出该量子操作节点类的期望值和梯度值，于是该量子操作节点类就可以插入到复杂的神经网络中。

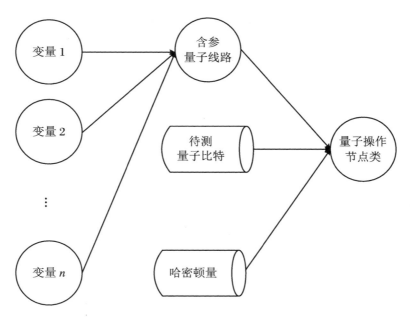

图 7.34　量子操作节点类的构造示意图

　　构建的"具备求期望值接口和求梯度值接口的"量子操作节点类作为量子机器学习过程中决定编程、数据运算执行和数据传输的关键类，其性质与数据运算执行和数据传输过程息息相关。

　　在量子机器学习过程中，数据运算执行与数据存储载体有着直接关系。经典计算和量子计算的差别就在于数据存储载体的不同。经典计算中，采用经典比特加载数据信息，1 个经典比特只能表示"1"或"0"；而量子计算中，采用量子比特加载数据信息，1 个量子比特不仅可以表示"1"或"0"，还可以表示"1"和"0"的叠加（即量子态的叠加性），这使得量子比特加载数据信息的能力随量子比特数量的增加呈指数级增长。因此，量子比特是实现量子计算的关键。

本章小结

　　根据本源量子的公开信息,该公司聚焦全栈式发展量子计算产业链,公开的专利申请信息涉及量子芯片设计、量子芯片结构和制备工艺,测控元器件、测控信号处理,量子软件与应用等方面,且在上述方面均有一定的关键性专利申请,这与公司的发展定位一致。但是,仍有需要完善的地方:一是目前布局的地域范围较小,未来应加强,为未来抢占量子计算市场作好准备;二是整体专利申请量较少,这可能与本源量子是初创公司有关。该公司申请的专利尚有一部分未公开,因此未出现在本次检索结果中。

第 8 章

量子计算非专利文献分析

　　作为专利文献的补充,本章对量子计算领域非专利文献进行了调研、分析,主要包括非专利文献的发表态势、非专利文献的分布情况、主要作者机构、基金资助情况、国际合作和机构间合作,并进一步分析了量子计算领域高影响力文献之间的引用关系。非专利文献分为期刊论文和会议论文,期刊论文数据主要来自 Web of Science 核心合集中 Science Citation Index Expanded (SCI-EXPANDED)数据库,截止时间为 2020 年 8 月 31 日,会议论文数据来自 Web of Science 核心合集中 Conference Proceedings Citation Index-Science (CPCI-S)数据库,截止时间为 2020 年 8 月 31 日。相关数据不包括台湾地区。

8.1　非专利文献发表态势分析

　　本节主要从全球和中国非专利文献发表态势、主要国家近 20 年非专利文献发表态势方面,对量子计算领域的非专利文献数据进行分析。

8.1.1　全球和中国非专利文献发表态势分析

8.1.1.1　全球和中国期刊论文发表态势分析

图 8.1 显示了量子计算领域 1976—2020 年全球和中国期刊论文发表态势。

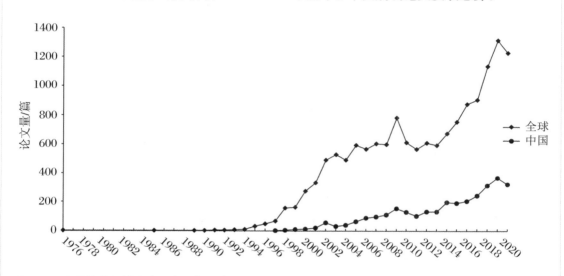

图 8.1　量子计算领域全球和中国期刊论文发表态势

从全球发表态势看,1976—1996 年,全球的期刊论文发表量处于低位。在这 20 年时间里,期刊论文发表量从 1 篇增加到 47 篇,呈缓慢增长态势,量子计算处于萌芽阶段,进步缓慢。1997—2009 年,全球的期刊论文发表量进入快速增长阶段,迅速从 47 篇增加到 700 余篇。但是,2010—2011 年的期刊论文发表量呈减少态势,2011 年期刊论文发表量比 2009 年减少了 200 余篇。2012 年以来,期刊论文发表量进入爆发式增长阶段,期刊论文发表量增至 1000 余篇。

从中国的发表态势看,中国的萌芽期出现较晚,直到 2001 年,期刊论文发表量都处于低位。2002—2009 年,中国的期刊论文发表量整体上呈快速增长态势。2009 年期刊论文发表量达到 150 余篇。2010—2011 年的期刊论文发表量也呈减少态势,与全球的期刊论文发表量减少态势相同,2011 年期刊论文发表量比 2009 年减少了 50 余篇。2012 年以来,期刊论文发表量进入爆发式增长阶段,增长速度略低于全球论文增长速度。

8.1.1.2　全球和中国会议论文发表态势分析

图 8.2 显示了量子计算领域 1992—2020 年全球和中国会议论文发表态势。

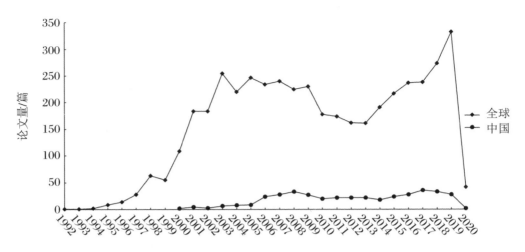

图 8.2　量子计算领域全球和中国会议论文发表态势

从全球发表态势看，1992—1996 年，全球的会议论文发表量处于低位。在这 4 年时间里，会议论文发表量从 1 篇增加到 14 篇，呈缓慢增长态势，与期刊论文增长态势相对应，该阶段量子计算处于萌芽阶段，进步缓慢。1997—2003 年，全球的会议论文发表量进入快速增长阶段，从 28 篇增加到 255 篇。但是，2003—2013 年的会议论文发表量呈减少态势，十年间的会议论文发表量减少了 90 余篇。2013 年以来，会议论文发表量才进入新的缓慢增长阶段。

从中国的发表态势看，中国从 1997 年开始有量子计算的会议论文发表，直到 2020 年，会议论文发表量仍处于低位。

8.1.2　主要国家近 20 年非专利文献发表态势分析

8.1.2.1　期刊论文发表态势分析

本小节针对量子计算期刊论文发表量排名全球前 8 的国家近 20 年的期刊论文发表态势进行了分析。

（1）图 8.3 显示了 2001—2005 年量子计算领域主要国家期刊论文发表态势。

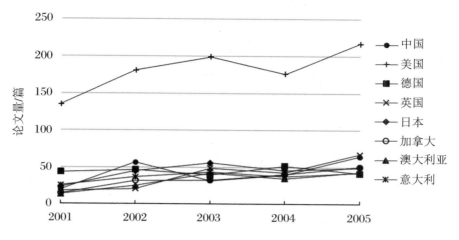

图 8.3　2001—2005 年量子计算领域主要国家期刊论文发表态势

　　由图可知,2001—2005 年美国每年的量子计算期刊论文发表量远远领先于其他国家,年均期刊论文发表量为 180 篇。中国、德国、英国、日本、加拿大、澳大利亚和意大利每年的期刊论文发表量基本处于同一水平,年均期刊论文发表量为 32～45 篇,都远少于美国当年的期刊论文发表量。按照年均期刊论文发表量从高到低的顺序依次为美国、德国、日本、中国、英国、意大利、加拿大、澳大利亚。中国的年均期刊论文的发表量为42 篇。

　　(2)图 8.4 显示了 2006—2010 年量子计算领域主要国家期刊论文发表态势。

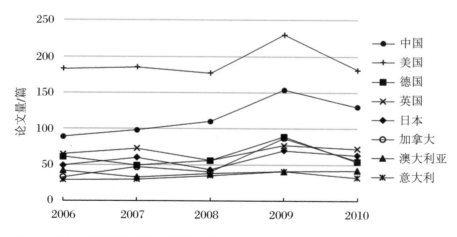

图 8.4　2006—2010 年量子计算领域主要国家期刊论文发表态势

由图可知,2006—2010 年美国每年的量子计算期刊论文发表量仍处于全球领先水平,年均期刊论文发表量为 190 余篇。值得注意的是,2006—2010 年,中国每年的期刊论文发表量仅次于美国,年均期刊论文发表量为 110 余篇。德国、英国、日本、加拿大、澳大利亚和意大利的年均期刊论文发表量为 33～68 篇。各国期刊论文发文量之间的差距明显变大,按照年均期刊论文发表量从高到低的顺序依次为美国、中国、英国、德国、日本、加拿大、澳大利亚、意大利。

(3) 图 8.5 显示了 2011—2015 年量子计算领域主要国家期刊论文发表态势。

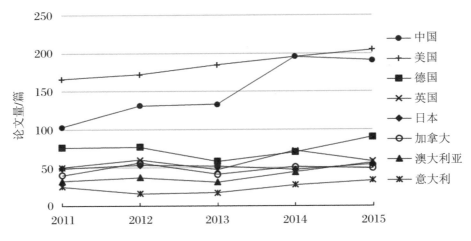

图 8.5　2011—2015 年量子计算领域主要国家期刊论文发表态势

由图可知,2011—2015 年美国每年的量子计算期刊论文发表量仍处于全球领先水平,年均期刊论文发表量为 180 余篇,与 2006—2010 年相比年均期刊论文发表量略有下降。2011—2015 年,中国每年的期刊论文发表量仍仅次于美国,但年均期刊论文发表量增加至 150 余篇,与美国的期刊论文发表量差距显著缩小,且 2014 年的期刊论文发表量与美国同为 196 篇。德国、英国、日本、加拿大、澳大利亚和意大利的年均期刊论文发表量为 23～74 篇。各国期刊论文发表量之间的差距进一步拉大,按照年均期刊论文发表量从高到低的顺序依次为美国、中国、德国、英国、日本、加拿大、澳大利亚、意大利。

(4) 图 8.6 显示了 2016—2020 年量子计算领域主要国家期刊论文发表态势。

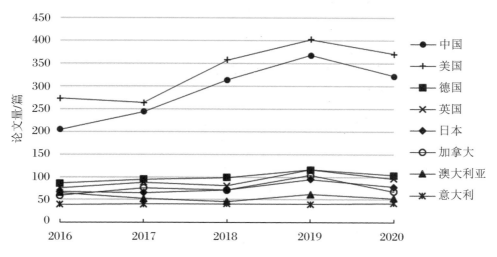

图 8.6　2016—2020 年量子计算领域主要国家期刊论文发表态势

由图可知,2016—2020 年,中国和美国的量子计算期刊论文发表量的增长态势相同,并且每年的期刊论文发表量远远高于其他国家,中国的年均期刊论文发表量为 290 篇,美国的年均期刊论文发表量为 333 篇,其他国家的年均期刊论文发表量为 40~100 篇。按照年均期刊论文发表量从高到低的顺序依次为美国、中国、德国、英国、加拿大、日本、澳大利亚、意大利。

综上所述,近 20 年来美国、中国、德国、英国、加拿大、日本、澳大利亚、意大利的期刊论文发表态势整体上均呈较快增长态势。尤其是中国的期刊论文发表量增长最为迅速,从较低水平的期刊论文发表量逐渐发展为期刊论文发表量仅次于美国,但远超其他国家,同时与美国的期刊论文发表量之间的差距整体上呈缩小态势。

8.1.2.2　会议论文发表态势分析

本小节针对量子计算会议论文发表量排名全球前 8 的国家近 20 年的会议论文发表态势进行了分析。

(1) 图 8.7 显示了 2001—2005 年量子计算领域主要国家会议论文发表态势。

由图可知,2001—2005 年美国每年的量子计算会议论文发表量远远领先于其他国家,年均会议论文发表量为 73 篇。中国、日本、德国、英国、加拿大、意大利和印度每年的会议论文发表量基本处于同一水平,年均会议论文发表量为 2~24 篇,都远少于美国当年的会议论文发表量。按照年均会议论文发表量从高到低的顺序依次为美国、日本、意大利、英国、德国、加拿大、中国、印度。中国的年均会议论文发表量为 6 篇。

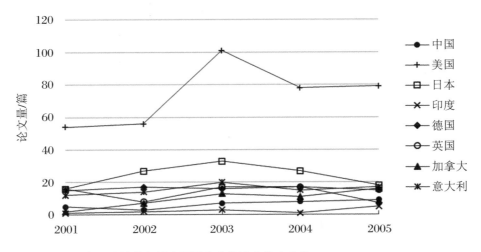

图 8.7　2001—2005 年量子计算领域主要国家会议论文发表态势

（2）图 8.8 显示了 2006—2010 年量子计算领域主要国家会议论文发表态势。

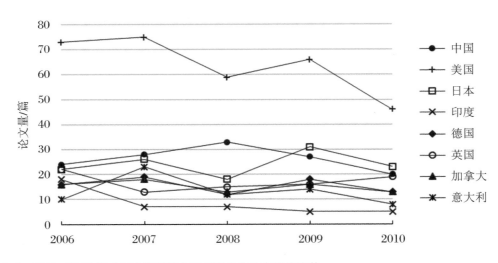

图 8.8　2006—2010 年量子计算领域主要国家会议论文发表态势

　　由图可知,2006—2010 年美国每年的量子计算会议论文发表量仍远远领先于其他国家,年均会议论文发表量为 63 篇。中国、日本、德国、英国、加拿大、意大利和印度每年的会议论文发表量基本处于同一水平,都远少于美国当年的会议论文发表量,年均会议论文发表量为 8～26 篇,略有上升。按照年均会议论文发表量从高到低的顺序依次为美国、中国、日本、英国、德国、加拿大、意大利、印度。中国的年均会议论文发表量为 26 篇,较 2001—2005 年显著增加。

（3）图 8.9 显示了 2011—2015 年量子计算领域主要国家会议论文发表态势。

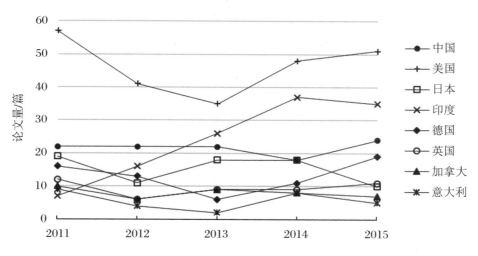

图 8.9 2011—2015 年量子计算领域主要国家会议论文发表态势

由图可知,2011—2015 年美国每年的量子计算会议论文发表量仍领先于其他国家,但是差距在逐渐缩小。美国的年均会议论文发表量为 46 篇。2013 年,美国的会议论文发表量下降到一个最低点,为 35 篇。该最低点年份与全球的会议论文发表量最低点年份一致。中国、日本、德国、英国、加拿大、意大利和印度的年均会议论文发表量基本不变,为 8～24 篇。按照年均会议论文发表量从高到低的顺序依次为美国、印度、中国、日本、德国、英国、加拿大、意大利。值得注意的是,印度的会议论文发表量呈快速增长态势,与美国的会议论文发表量逐渐接近。

（4）图 8.10 显示了 2016—2020 年量子计算领域主要国家会议论文发表态势。

由图可知,2016—2020 年美国每年的量子计算会议论文发表量呈较快增长态势,并仍领先于其他国家,年均会议论文发表量为 69 篇。中国、日本、德国、英国、加拿大、意大利和印度之间每年的会议论文发表量的差距逐年缩小。2011—2015 年印度的会议论文发表量呈增长态势,2016—2020 年印度的会议论文发表量呈减少态势,但是其年均会议论文发表量仍仅次于美国。按照年均会议论文发表量从高到低的顺序依次为美国、印度、中国、德国、英国、加拿大、日本、意大利。

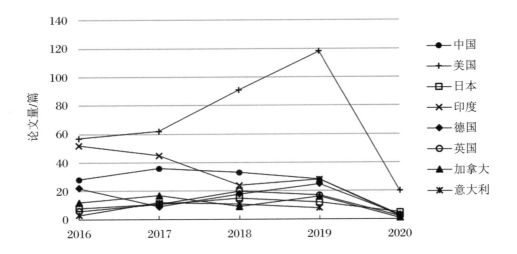

图 8.10　2016—2020 年量子计算领域主要国家会议论文发表态势

综上所述,近 20 年来美国每年的会议论文发表量居全球首位。量子计算会议论文发表量在 2003—2013 年呈减少态势,2013 年之后又呈增长态势。印度在 2001—2005 年一直处于最末位,2006—2010 年呈缓慢增长态势,2011—2014 年经历迅速增长阶段后,从 2015 年开始呈减少态势。中国、德国、英国、加拿大、日本、意大利的会议论文发表态势整体上比较平稳。

8.2　非专利文献布局区域分析

本节对量子计算在全球的非专利文献发表量的区域分布进行分析,研究了量子计算领域各主要国家期刊论文和会议论文发表量的占比情况。

8.2.1　期刊论文布局区域分析

由图 8.11 可知,美国是量子计算领域期刊论文发表量最多的国家,占全球期刊论文发表量的32%。其次是中国,期刊论文发表量占全球期刊论文发表量的20%。随后是德国、英国、日本、加拿大、澳大利亚、意大利等,这几个国家的占比相差无几。除了中国、美国、德国、英国、日本、加拿大、澳大利亚、意大利以外,其他国家在量子计算领域的期刊论文发表量的占比只有3%。

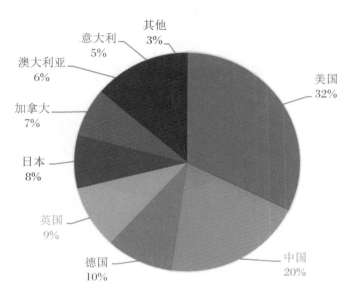

图 8.11　量子计算领域各主要国家的期刊论文发表量占比

8.2.2　会议论文布局区域分析

由图8.12可知,美国也是量子计算领域会议论文发表量最多的国家,占全球会议论文发表量的31%,与期刊论文发表量的占比情况基本一致。其次是中国,会议论文发表量占全球会议论文发表量的9%,远低于期刊论文发表量的占比。日本的会议论文发表量与中国相同,并列第2,且与其期刊论文发表量的占比情况一致。随后是印度,印度的会议论文发表量的占比大于其期刊论文发表量的占比。德国、英国、加拿大、意大利、澳大利亚等的占比相差无几,且与各自的期刊论文发表量的占比情况基本一致。排在后面的是俄罗斯、法国、荷兰、奥地利、瑞士,这些国家的会议论文发表量的占比大于其期刊论文发表量的占比。另外,其他国家在量子计算领域的会议论文发表量的占比只有2%。

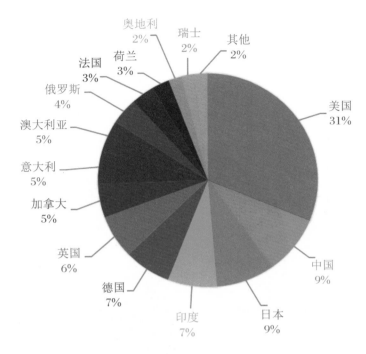

图 8.12 量子计算领域全球各主要国家的会议论文发表量占比

8.3 主要作者机构分析

本节对全球发表的量子计算领域非专利文献的作者机构进行了分析。

8.3.1 全球主要作者机构分析

8.3.1.1 全球期刊论文主要作者机构分析

图 8.13 所示为量子计算领域全球期刊论文发表量排名前 20 位的作者机构，它们分别来自中国、美国、法国、英国、德国、加拿大、意大利、新加坡、俄罗斯、澳大利亚。

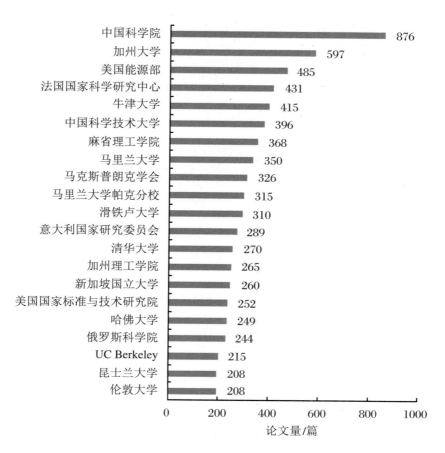

图 8.13　量子计算领域全球期刊论文主要作者机构排名

1. 美国的作者机构

在全球期刊论文发表量排名前 20 位的作者机构中,美国占据 9 个席位,按期刊论文发表量由高到低排序为加州大学、美国能源部、麻省理工学院、马里兰大学、马里兰大学帕克分校、加州理工学院、美国国家标准与技术研究院、哈佛大学、UC Berkeley。

2. 中国的作者机构

中国占据 3 个席位,分别是中国科学院、中国科学技术大学和清华大学,分列第 1 位、第 6 位和第 13 位。

3. 英国的作者机构

英国占据 2 个席位,分别是排名第 5 位的牛津大学和排名第 20 位的伦敦大学。需要说明的是,伦敦大学与澳大利亚的昆士兰大学并列第 20 位。

8.3.1.2　全球会议论文主要作者机构分析

图 8.14 所示为量子计算领域全球会议论文发表量排名前 20 位的作者机构,它们分别来自中国、美国、澳大利亚、意大利、日本、俄罗斯、法国、英国、德国、加拿大和荷兰。其中,中国科学院与马里兰大学并列第 13 位。

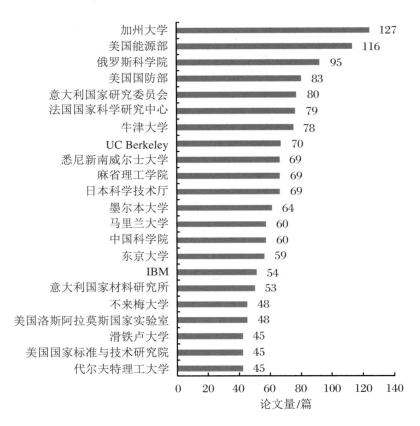

图 8.14　量子计算领域全球会议论文主要作者机构排名

1. 美国的作者机构

在全球会议论文发表量排名前 20 位的作者机构中,美国占据 9 个席位,按会议论文发表量由高到低排序为加州大学、美国能源部、美国国防部、UC Berkeley、麻省理工学院、马里兰大学、IBM、美国洛斯阿拉莫斯国家实验室、美国国家标准与技术研究院。

2. 澳大利亚的作者机构

澳大利亚占据 2 个席位,分别是排名第 9 位的悉尼新南威尔士大学和排名第 12 位的墨尔本大学。

3．意大利的作者机构

意大利占据2个席位，分别是排名第5位的意大利国家研究委员会和排名第17位的意大利国家材料研究所。

4．日本的作者机构

日本占据2个席位，分别是排名第9位的日本科学技术厅和排名第15位的东京大学。

8.3.2　中国主要作者机构分析

8.3.2.1　中国期刊论文主要作者机构分析

图8.15所示为量子计算领域中国期刊论文发表量排名前20位的作者机构。排名前3位的作者机构分别是中国科学院、中国科学技术大学和清华大学。

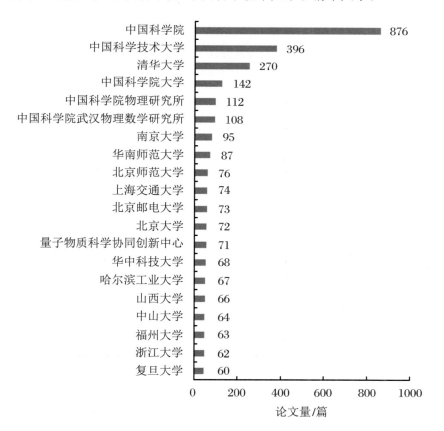

图8.15　量子计算领域中国期刊论文主要作者机构排名

207

1. 中国科学院

中国科学院作为中国自然科学最高学术机构,拥有庞大的专家团队。其分支机构包括中国科学技术大学、中国科学院大学、中国科学院物理研究所等。

2. 中国科学技术大学

中国科学技术大学在量子计算领域有郭光灿教授、杜江峰教授、潘建伟教授等人带领的研究团队。

3. 清华大学

清华大学在量子计算领域主要有龙桂鲁教授(主要从事核磁共振量子计算的研究)、段路明教授(主要从事离子与超导量子计算、量子网络、量子模拟、量子人工智能)、应明生教授(主要从事量子计算、程序设计语言的语义学、人工智能中的逻辑)等人带领的研究团队。

8.3.2.2　中国会议论文主要作者机构分析

图 8.16 所示为量子计算领域中国会议论文发表量排名前 19 位的作者机构。

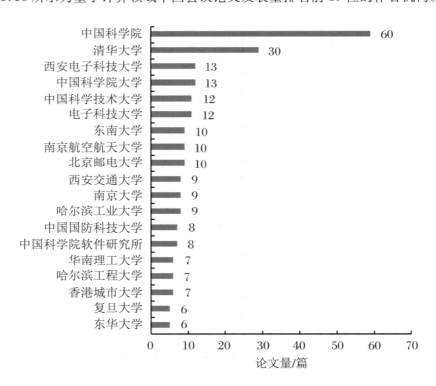

图 8.16　量子计算领域中国会议论文主要作者机构排名

中国科学院和清华大学的会议论文发表量分列第 1 位和第 2 位,并列第 3 位的是西安电子科技大学和中国科学院大学。

8.4 基金资助情况

本节针对非专利文献基金资助机构进行分析。

8.4.1 全球非专利文献基金资助机构

(1) 图 8.17 所示为量子计算领域全球期刊论文发表量排名前 10 位的基金资助机构。

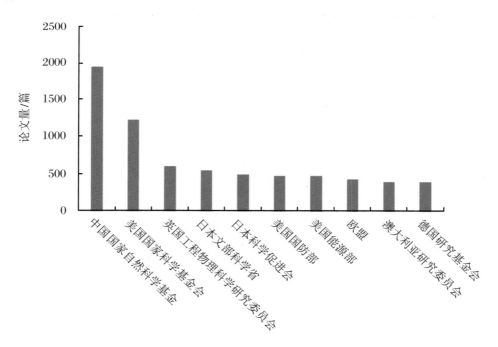

图 8.17 量子计算领域全球期刊论文基金资助机构排名

在全球范围内,量子计算领域中国国家自然科学基金(NSFC)资助的期刊论文量为1900余篇,排在第1位。其次是美国国家科学基金会(NSF)资助的期刊论文量为1200余篇。再次是英国工程物理科学研究委员会(EPSRC)和日本文部科学省,两者资助的期刊论文量均为500余篇。日本科学促进会、美国国防部、美国能源部、欧盟、澳大利亚研究委员会、德国研究基金会、加拿大自然科学与工程研究委员会资助的期刊论文发表量均低于500篇。

(2) 图8.18所示为量子计算领域全球会议论文发表量排名前10位的基金资助机构。

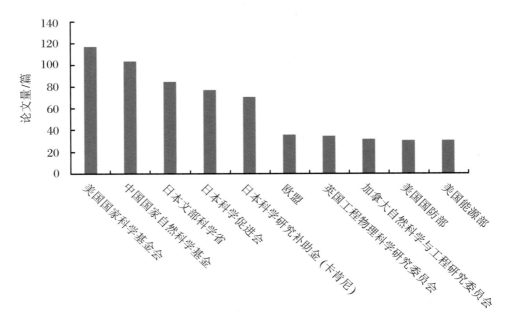

图8.18 量子计算领域全球会议论文基金资助机构排名

量子计算领域会议论文发表量基金资助机构排名前两位的分别是美国国家科学基金会和中国国家自然科学基金,两者资助的论文发表量均超过100篇。其他基金资助机构资助的会议论文发表量均在100篇以下,由高到低排序为日本文部科学省、日本科学促进会、日本科学研究补助金(卡肯尼)、欧盟、英国工程物理科学研究委员会、加拿大自然科学与工程研究委员会、美国国防部、美国能源部。其中,美国国防部和美国能源部资助的会议论文发表量并列第9位。

8.4.2 中国非专利文献基金资助机构

（1）图 8.19 所示为量子计算领域中国期刊论文发表量排名前 10 位的基金资助机构。

从量子计算领域期刊论文发表量可知，中国的主要资助机构是中国国家自然科学基金，其资助的期刊论文发表量近 2000 篇。其次是国家基础研究计划基金，其资助的期刊论文发表量为 300 余篇。排在第 3 位和第 4 位的分别是中央高校基础研究经费、中国科学院，资助的期刊论文发表量均为 200 余篇。资助的期刊论文发表量为 100 余篇的基金资助机构，根据其期刊论文发表量由高到低排序为国家重点研发计划、中国博士后科学基金、美国国家科学基金会、国家重点研发项目。教育部和高等教育博士点专项研究基金资助的期刊论文发表量分别为 76 篇和 66 篇。

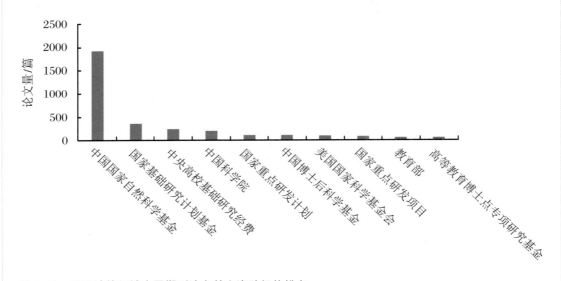

图 8.19　量子计算领域中国期刊论文基金资助机构排名

（2）图 8.20 所示为量子计算领域中国会议论文发表量排名前 10 位的基金资助机构。

从量子计算领域会议论文发表量可知，中国的主要资助机构仍是中国国家自然科学基金，其资助的会议论文发表量为 100 余篇。其次是中央高校基础研究经费、国家基础研究计划基金、江苏省自然科学基金，其资助的会议论文发表量均为 13 余篇。中国博士后科学基金、国家高技术研究开发计划、国家重点研发项目、北京市自然科学基金、中国科学院、英特尔公司资助的期刊论文发表量均少于 10 篇。

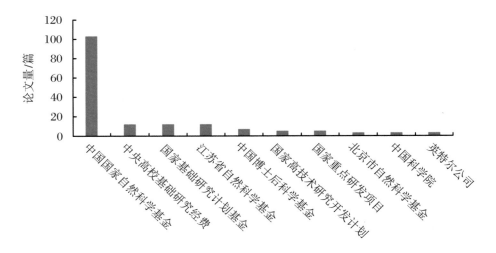

图 8.20　量子计算领域中国会议论文基金资助机构排名

8.5　全球合作和机构间合作分析

本节通过 InCites 数据库分析了量子计算领域非专利文献各主要国家或地区合作情况和全球机构合作情况。此处的非专利文献包含了期刊论文和会议论文。

8.5.1　国家或地区间的合作情况分析

（1）图 8.21 所示为量子计算领域全球非专利文献总发表量排名前 19 位国家的合作情况。

由图可知，美国的国际合作非专利文献发表量最多，为 2000 余篇。其次是德国，国际合作非专利文献发表量为 1000 余篇。再次是英国和中国，国际合作论文均为 900 余篇。

从论文国际合作百分比来看，排名前 3 位的分别是新加坡、瑞士和荷兰，三者的国际合作百分比均在 70%～80% 之间。作为国际合作非专利文献发表量最多的国家，美国的国际合作百分比约为 37%。国际合作非专利文献发表量排第 2 位的是英国，其国际合作百分比为 55%。中国的国际合作百分比为 29%。

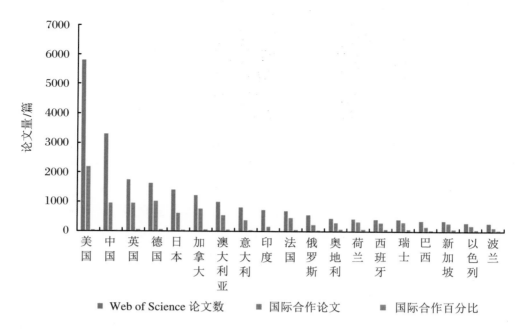

图 8.21　量子计算领域论文发表量排名前 19 位国家的合作情况①

（2）图 8.22 所示为中国与其他国家或地区之间的合作关系。

由图可知，中国与美国之间的国际合作非专利文献发表量最多，为 361 篇。其次是德国、英国、加拿大、新加坡和澳大利亚等。

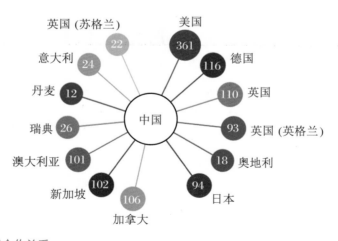

图 8.22　中国国际合作关系

---

①　此处的英国对应 InCites 数据库中的"United Kingdom"下的数据集，是对作者地址中含有 England、Scotland、Wales 和 Northern Ireland 进行求和并去重后的数据。

8.5.2　全球机构间的合作情况分析

图 8.23 所示为量子计算领域非专利文献总发表量排名前 20 位机构的国际合作情况。由图可知,法国国家科学研究中心的国际合作非专利文献发表量最多,近 200 篇。其次是中国科学院,国际合作非专利文献发表量为 130 余篇。再次是加州大学,国际合作论文为 100 余篇。

从论文国际合作百分比来看,排名前 5 位的分别是苏黎世联邦理工学院、马克斯普朗克学会、新加坡国立大学、代尔夫特理工大学、法国国家科学研究中心,它们的国际合作百分比在 75%～80% 之间。国际合作非专利文献发表量最多的是法国国家科学研究中心,其国际合作百分比约为 75%,排第 5 位。国际合作非专利文献发表量排第 2 位的是中国科学院,其国际合作百分比为 37%,排第 16 位。加州大学的国际合作百分比为 50%,排第 11 位。

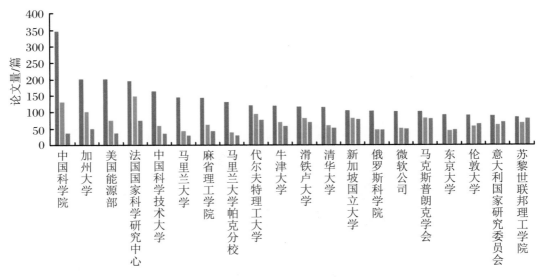

图 8.23　量子计算领域论文发表量排名前 20 位机构的国际合作情况

量子计算技术应用与专利分析
Technology Application and Patent Analysis of Quantum Computing

8.5.3　中国主要机构与全球机构间的合作分析

本小节主要分析中国科学院、中国科学技术大学和清华大学与机构之间的合作情况。

（1）图 8.24 所示为中国科学院在量子计算领域与全球多家机构间的合作情况。

在国内合作方面，中国科学技术大学、中国科学院大学、中国科学院物理研究所和中国科学院半导体研究所同为中国科学院的分支机构，因此合作最紧密。其次是清华大学和香港大学。中国科学院在对外合作方面，主要合作机构有新加坡国立大学和海德堡大学。

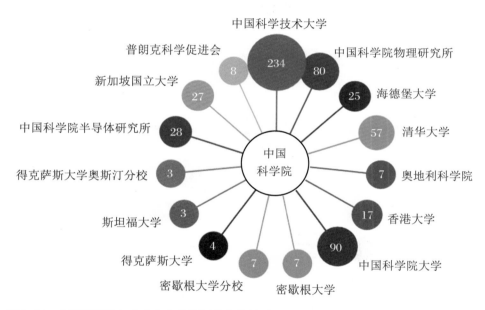

图 8.24　中国科学院与全球多家机构间的合作关系

（2）图 8.25 所示为中国科学技术大学在量子计算领域与全球机构间的合作情况。

在国内合作方面，作为中国科学院的分支机构，中国科学技术大学与中国科学院紧密合作。其次是华南师范大学和香港大学。中国科学技术大学在对外合作方面，主要合作机构有海德堡大学等。

（3）图 8.26 所示为清华大学在量子计算领域与全球机构间的合作情况。

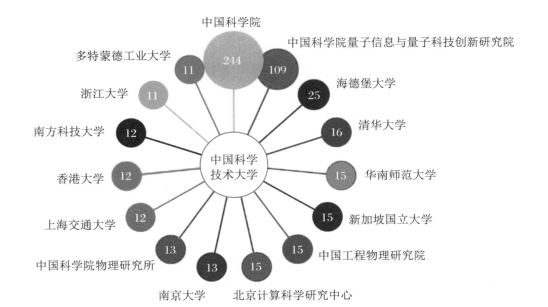

图 8.25　中国科学技术大学与全球多家机构间的合作关系

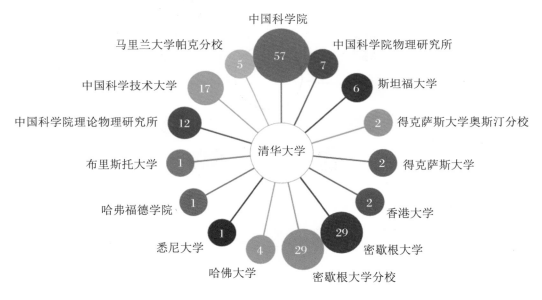

图 8.26　清华大学与全球多家机构间的合作关系

在国内合作方面,清华大学合作机构主要有中国科学院、中国科学技术大学、中国科学院理论物理研究所等。清华大学在对外合作方面,主要合作机构有密歇根大学和斯坦福大学等。

8.6 HistCite 非专利文献引文分析

本节运用 HistCite Pro 对量子计算领域非专利文献（包括期刊论文和会议论文）进行引文分析。

图 8.27 所示为量子计算领域最有价值的前 20 篇非专利文献的引文关系。图中有 20 个圆圈，每个圆圈对应一篇文献，圆圈中数字是该篇文献在数据库中的序号。圆圈越大，表示被引用的次数越多。不同圆圈之间有箭头相连，箭头表示文献之间的引用关系。

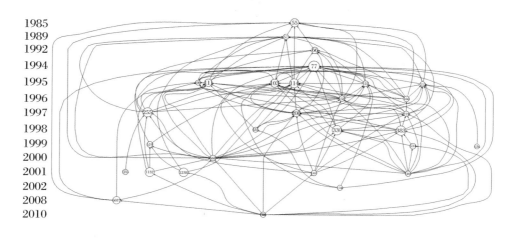

图 8.27　最有价值的前 20 篇非专利文献的引文关系

图 8.27 中最上面的较大的圆圈对应的文献序号为 55，是英国的 D. Deutsch 于 1985 年发表的标题为 "Quantum-Theory，The Church-Turing Principle and the Universal Quantum Computer" 的关于量子计算机的文献。该文献提出了第一个量子计算模型。由图 8.1 可知，1985 年处于量子计算的萌芽阶段，因此该篇文献可以看作量子计算领域的一篇奠基之作。

编号为 77、255、330 和 383 的四个较大的圆圈所对应的四篇文献的被引次数较多（表 8.1）。这四篇文献分别发表于 1994 年、1997 年、1998 年和 1998 年。

1994 年，美国的 P. M. Shor 提出量子并行算法，证明量子计算可以求解"大数因子分解"难题，从而攻破广泛使用的 RSA 公钥体系，量子计算机引起广泛重视。Shor 并行算

217

法被认为是量子计算领域的里程碑。1998 年，美国的 D. Loss 和 D. P. Divincenzo 提出利用量子点中的电子自旋进行固态量子计算。同年，澳大利亚的 B. E. Kane 提出利用硅基核自旋进行固态量子计算。固态量子计算自此拉开序幕。

表 8.1 量子计算领域最有价值的前 20 篇非专利文献①

序号	论文编号	论 文 信 息	LCS	GCS
1	55	Deutsch D. Quantum theory，the Church-Turing principle and the universal quantum computer[J]. Proceedings of the Royal Society of London Series A-Mathematical Physical and Engineering Sciences，1985,400(1818):97-117	960	2011
2	66	Deutsch D. Rapidsolution of problems by quantum computation[J]. Proceedings of the Royal Society of London Series A-Mathematical Physical and Engineering Sciences，1992,439(1907):553-558	604	1154
3	77	Shor P W. Algorithms for quantum computation：discrete logarithms and factoring[C]. Los Alamitos：35th Annual Symposium of Foundations of Computer Science,1994:124-134	1486	1002
4	103	Cirac J I. Quantum computations with cold trapped ions[J]. Physical Review Letters，1995,74(20):4091-4094	943	2553
5	111	Shor P W. Scheme for reducing decoherence in quantum memory[J]. Physical Review A，1995,52(4):2493-2496	768	2263
6	114	Barenco A. Elementary gates for quantum computation[J]. Physical Review A，1995,52(5):3457-3467	1109	2077
7	122	Monroe C. Demonstration of a fundamental quantum logic gate [J]. Physical Review Letters，1995,75(25):4714-4717	485	1222
8	158	Ekert A. Quantum computation and Shor's factoring algorithm [J]. Reviews of Modern Physics，1996,68(3):733-753	450	1031
9	166	Lloyd S. Universal quantum simulators[J]. Physical Review A，54(1):141-149	478	1061
10	208	Gershenfeld N A. Bulk spin-resonance quantum computation [J]. Science，1997,275(5298):350-356	687	1302

① LCS 是 Local Citation Score 的简写，即当前数据库中的被引频次；GCS 是 Global Citation Score 的简写，即 Web of Science 平台上的被引频次。

序号	论文编号	论 文 信 息	LCS	GCS
11	255	Shor P W. Polynomial-Time algorithms for prime factorization and discrete logarithms on a quantum computer[J]. SIAM Review,41(2):303-332	1240	2960
12	330	Loss D,Divincenzo D P. Quantum computation with quantum dots[J]. Physical Review A,1998,57(1):120	1194	5078
13	383	Kane B E. A silicon-based nuclear spin quantum computer[J]. Nature,1998,393(6681):133	1152	2934
14	534	Nakamura Y. Coherent control of macroscopic quantum states in a single-cooper-pair box[J]. Nature,1999,398(6730):786-788	480	1829
15	619	Gottesman D. Demonstrating the viability of universal quantum computation using teleportation and single-qubit operations[J]. Nature,1999,402(6760):390-393	464	1013
16	668	DiVincenzo D P. The physical implementation of quantum computation[J]. Fortschritte Der Physik-Progress of Physics,2000,48(9-11):771-783	454	1084
17	1132	Knill E. A scheme for efficient quantum computation with linear optics[J]. Nature,2001,409(6816):46	1060	3680
18	1238	Briegel H J,Raussendorf R. Persistent entanglement in arrays of interacting particles[J]. Physical Review Letters,2001,86(5):910-913	1050	2403
19	1416	Vandersypen L M K. Experimental realization of Shor's quantum factoring algorithm using nuclear magnetic resonance[J]. Nature,2001,414(6866):883-887	440	883
20	6037	Nayak C. Non-Abelian anyons and topological quantum computation[J]. Reviews of Modern Physics,2009,80(3):1083-1159	730	3264

表 8.2 所示为量子计算领域 LCS 排名前 10 的非专利文献。从表中可以看出,排前 4 位的就是上述影响力较大的四篇非专利文献。

表 8.2　量子计算领域 LCS 排名前 10 的非专利文献

序号	论文编号	论　文　信　息	LCS	GCS
1	77	Shor P W. Algorithms for quantum computation-discrete logarithms and factoring[C]. Los Alamitos：35th Annual Symposium on Foundations of Computer Science，Proceedings，1994：124-134	1486	1002
2	255	Shor P W. Polynomial-time algorithms for prime factorization and discrete logarithms on a quantum computer[J]. Siam Journal on Computing,1997,26(5):1484-1509	1240	2960
3	330	Loss D,DiVincenzo D P. Quantum computation with quantum dots[J]. Physical Review A,1998,57(1):120-126	1194	5078
4	383	Kane B E. A silicon-based nuclear spin quantum computer[J]. Nature,1998,393(6681):133-137	1152	2934
5	114	Barenco A，Bennett C H，Cleve R，et al. Elementary gates for quantum computation[J]. Physical Review A,1995,52(5):3457-3467	1109	2077
6	1132	Knill E，Laflamme R，Milburn G J. A scheme for efficient quantum computation with linear optics[J]. Nature,2001,409(6816):46-52	1060	3680
7	1238	Raussendorf R，Briegel H J. A one-way quantum computer[J]. Physical Review Letters,2001,86(22):5188-5191	1050	2403
8	55	Deutsch D. Quantum-theory, the church-turing principle and the universal quantum computer[J]. Proceedings of the Royal Society of London Series A Mathematical Physical and Engineering Sciences. 1985,400(1818):97-117	960	2011
9	103	Cirac J I, Zoller P. Quantum computations with cold trapped ions[J]. Physical Review Letters,1995,74(20):4091-4094	943	2553
10	111	Shor P W. Scheme for reducing decoherence in quantum computer memory[J]. Physical Review A,1995,52(4):2493-2496	768	2263

8.7 高被引论文和热点论文分析

基本科学指标(Essential Science Indicators,ESI)是一个基于 Web of Science 数据库的深度分析型研究工具,提供最近十多年的滚动数据,每两个月更新一次。通过 ESI 数据库可以分析某一学科领域的高被引论文和热点论文。高被引论文(Highly Cited Paper)是指对同一年同一个 ESI 学科发表论文的被引用次数由高到低进行排序,排名在前 1% 的论文。热点论文(Hot Paper)是指统计某一 ESI 学科最近两年发表的论文,按照最近两个月里被引用的次数由高到低进行排序,排名在前 0.1% 的论文。

8.7.1 量子计算领域的高被引论文分析

截至 2020 年 11 月 20 日,量子计算领域非专利文献中高被引论文共 327 篇。表 8.3 所示为量子计算领域 LCS 排名前 10 的高被引论文,排名越靠前影响力越大。

表 8.3 量子计算领域 LCS 排名前 10 的高被引论文

序号	论文编号	论 文 信 息	LCS	GCS
1	8	Ladd T D, Jelezko F, Laflamme R, et al. Quantum computers [J]. Nature, 2010, 464(7285):45-53	38	1667
2	131	Barends R, Kelly J, Megrant A, et al. Superconducting quantum circuits at the surface code threshold for fault tolerance[J]. Nature, 2014, 508(7497):500-503	35	759
3	34	Hasan M Z, Kane C L. Colloquium: Topological insulators [J]. Reviews of Modern Physics, 2010, 82(4):3045-3067	25	10256
4	44	Alicea J, Oreg Y, Refael G, et al. Non-Abelian statistics and topological quantum information processing in 1D wire networks [J]. Nature Physics, 2011, 7(5):412-417	21	899
5	27	DiCarlo L, Reed M D, Sun L, et al. Preparation and measurement of three-qubit entanglement in a superconducting circuit [J]. Nature, 2010, 467(7315):574-578	15	372

序号	论文编号	论 文 信 息	LCS	GCS
6	4	Lanyon B P，Whitfield J D，Gillett G G, et al. Towards quantum chemistry on a quantum computer[J]. Nature Chemistry，2010，2(2)：106-111	14	317
7	91	Beenakker C W J. Search for majorana fermions in superconductors[J]. Annual Review of Condensed Matter Physics，2013,4(1)：113-136	14	1000
8	100	Monroe C，Kim J. Scaling the ion trap quantum processor[J]. Science，2013,339(6124)：1164-1169	14	289
9	126	Georgescu I M，Ashhab S，Nori F. Quantum simulation[J]. Reviews of Modern Physics，2014,86(1)：153-185	14	864
10	169	Veldhorst M，Yang C H，Hwang J C C，et al. A two-qubit logic gate in silicon[J]. Nature，2015,526(7573)：410-414	14	415

图 8.28 所示为量子计算领域最有价值的前 30 篇高被引论文的引文关系。从中可知，最大的两个圆圈对应的是编号为 8 和 131 的两篇文献；第二大圆圈对应的是编号为

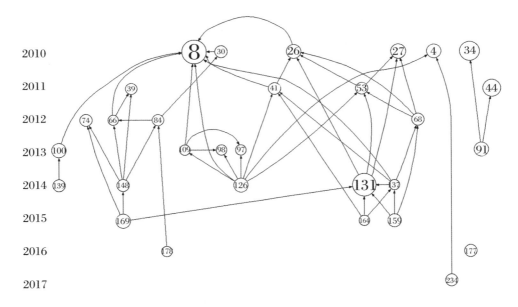

图 8.28　量子计算领域最有价值的前 30 篇高被引论文的引文关系

34 和 44 的两篇文献；其他序号对应的文献可以通过表 8.4 所示的最有价值的前 30 篇高被引论文来进行查询。

表 8.4　量子计算领域最有价值的前 30 篇高被引论文

序号	论文编号	论　文　信　息	LCS	GCS
1	4	Lanyon B P. Towards quantum chemistry on a quantum computer[J]. Nature Chemistry, 2010, 2(2):106-111	14	317
2	8	Ladd T D. Quantum computers[J]. Nature, 2010, 464(7285): 45-53	38	1667
3	26	Neeley M. Quantum ground state and single-phonon control of a mechanical resonator[J]. Nature, 2010, 464(7289):697-703	13	247
4	27	DiCarlo L. Preparation and measurement of three-qubit entanglement in a superconducting circuit[J]. Nature, 2010, 467(7315):574-578	15	372
5	30	Morello A, Single-shot readout of an electron spin in silicon [J]. Nature, 2010, 467(7316):687-691	10	457
6	34	Hasan M Z. Colloquium：Topological insulators[J]. Reviews of Modern Physics, 2010, 82(4):3045-3067	25	10256
7	39	Bluhm H. Dephasing time of GaAs electron-spin qubits coupled to a nuclear bath exceeding 200 μs[J]. Nature Physics, 2011, 7(2):109-113	9	416
8	41	Barreiro J T. An open-system quantum simulator with trapped ions[J]. Nature, 2011, 470(7335):486-491	10	535
9	44	Alicea J. Non-Abelian statistics and topological quantum information processing in 1D wire networks[J]. Nature Physics, 2011, 7(5):412-417	21	899
10	53	Mariantoni M. Implementing the quantum von Neumann architecture with superconducting circuits[J]. Science, 2011, 334(6052):61-65	10	195
11	66	Tyryshkin A M. Electron spin coherence exceeding seconds in high-purity silicon[J]. Nature Mater, 2012, 11(2):143-147	8	404
12	68	Reed M D. Realization of three-qubit quantum error correction with superconducting circuits [J]. Nature, 2012, 482(7385):382-385	11	334
13	74	Shulman M D. Demonstration ofentanglement of electrostatically coupled singlet-triplet qubits[J]. Science, 2012, 336(6078):202-205	11	371

序号	论文编号	论 文 信 息	LCS	GCS
14	84	Pla J J. A single-atom electron spin qubit in silicon[J]. Nature, 2012,489(7417):541-545	9	464
15	91	Beenakker C W J. Search formajorana fermions in superconductors[J]. Annual Review of·Condensed Matter Physics, 2013,4(1):113-136	14	1000
16	97	Broome M A. Photonicboson sampling in a tunable circuit[J]. Science, 2013,339(6121):794-798	8	366
17	98	Spring J B. Boson sampling on a photonic chip[J]. Science, 2013,339(6121):798-801	8	448
18	100	Monroe C. Scaling theion trap quantum processor[J]. Science, 2013,339(6124):1164-1169	14	289
19	109	Tillmann M. Experimental boson sampling[J]. Nature Photonics, 2013,7(7):540-544	8	381
20	126	Georgescu I M. Quantum simulation[J]. Reviews of Modern Physics, 2014,86(1):153-185	14	864
21	131	Barends R. Superconducting quantum circuits at the surface code threshold for fault tolerance[J]. Nature, 2014, 508(7497):500-503	35	759
22	137	Nigg D. Quantum computations on a topologically encoded qubit[J]. Science, 2014,345(6194):302-305	8	182
23	139	Pfaff W. Unconditional quantum teleportation between distant solid-state quantumbits[J]. Science, 2014,345(6196):532-535	10	252
24	148	Veldhorst M. An addressable quantum dot qubit with fault-tolerant control-fidelity[J]. Nature Nanotechnology, 2014, 9(12):981-985	11	391
25	159	Kelly J. State preservation by repetitive error detection in a superconducting quantum circuit[J]. Nature, 2015,519(7541):66-69	12	450
26	164	Terhal B M. Quantum error correction for quantum memories[J]. Reviews of Modern Physics, 2015,87(2):307-346	8	262
27	169	Veldhorst M. A two-qubit logic gate in silicon[J]. Nature, 2015,526(7573):410-414	14	415

序号	论文编号	论 文 信 息	LCS	GCS
28	177	Albrecht S M. Exponential protection of zero modes in Majorana islands[J]. Nature，2016,531(7593):206-209	11	556
29	178	Shiddiq M. Enhancing coherence in molecular spin qubits via atomic clock transitions[J]. Nature，2016,531(7594):348-351	8	237
30	234	Kandala A. Hardware-efficient variational quantumeigen solver for small molecules and quantum magnets[J]. Nature，2017,549(7671):242-246	10	342

编号为 8 的文献，是 2010 年 T. D. Ladd 等人发表于 *Nature* 的标题为"Quantum Computers"的文献。该文献描述了光子、俘获原子、每种主要量子计算方法的最新发展，并解释了量子计算未来的主要挑战。

编号为 131 的文献，即 2014 年 R. Barends 等人发表于 *Nature* 的标题为"Superconducting Quantum Circuits at the Surface Code Threshold for Fault Tolerance"的文献。该文献中展示了超导多量子位处理器中的一组完备逻辑门，实现了 99.92% 的平均单量子逻辑门保真度和高达 99.4% 的两量子逻辑门保真度。这使得约瑟夫森量子计算处于表面代码纠错的容错阈值之上，表明约瑟夫森量子计算是一种高保真技术，为大规模容错量子电路提供了清晰的研发途径。

8.7.2　量子计算领域的热点论文分析

截至 2020 年 11 月 20 日，量子计算领域非专利文献中的热点论文共 10 篇。表 8.5 所示为 10 篇热点论文的信息，反映了近两年量子计算领域的研究热点。

表 8.5　量子计算领域的热点论文

序号	标　题	出版年份	来源期刊	研究主题	被引频次
1	Evidence for Majorana bound states in an iron-based superconductor	2018	*Science*	拓扑超导体	253
2	Quantum supremacy using a programmable superconducting processor	2019	*Nature*	可编程超导量子处理器	293

序号	标　题	出版年份	来源期刊	研究主题	被引频次
3	Majorana quantization and half-integer thermal quantum hall effect in a Kitaev spin liquid	2018	*Nature*	绝缘二维量子磁体	164
4	Integrated lithium niobate electro-optic modulators operating at CMOS-compatible voltages	2018	*Nature*	芯片级电光调制器	263
5	Catalogue of topological electronic materials	2019	*Nature*	拓扑电材料分类标准	149
6	Quantum resource theories	2019	*Reviews of Modern Physics*	量子资源理论	108
7	A quantum engineer's guide to superconducting qubits	2019	*Applied Physics Reviews*	超导量子电路	78
8	Ultrastrong coupling regimes of light-matter interaction	2019	*Reviews of Modern Physics*	光与物质超强耦合机制	88
9	Machine learning and the physical sciences	2019	*Reviews of Modern Physics*	机器学习	70
10	Boson sampling with 20 input photons and a 60-mode interferometer in a 10 (14)-dimensional Hilbert space	2019	*Reviews of Modern Physics*	多光子量子计算实验	38

　　拓扑超导体被预言拥有服从非阿贝尔统计量的奇异 Majorana 态,可以用来实现拓扑量子计算机。表 8.5 中序号为 1 的文献的主要内容是,2018 年中国科学院物理研究所/中国科学院大学高鸿钧院士和丁洪研究员领导的联合研究团队,利用极低温-强磁场-扫描探针显微系统首次在单一块体超导材料中发现高纯度的马约拉纳任意子(Majorana Bound States),能在相对高的温度下实现,不容易受到其他准粒子的干扰。该成果具有高纯度、高温度且结构简单的特点,更容易实现对马约拉纳任意子的编织操纵,对于构建

稳定的、高容错的、可拓展的未来量子计算机而言具有极其重要的意义。表 8.5 中序号为 5 的文献引用了序号为 1 的文献,并介绍了一种有效、高效且全自动的算法,该算法可诊断大部分非磁性材料中的非平凡带形拓扑。该算法基于最近开发的占用带的对称表示与拓扑不变量之间的穷举映射。浏览了晶体数据库中总共 39519 种材料,发现有 8056 种材料在拓扑上是无关紧要的。

量子计算实验正在进入一个规模越来越大和复杂度越来越高的新领域。表 8.5 中序号为 2 的文献使用具有可编程超导量子位的处理器在 53 个量子位上创建量子态,对应维度为 2^{53}(约 10^{16})的计算态空间。与所有已知的经典算法相比,采用 Sycamore 处理器时的处理速度显著提高。序号为 10 的文献将 20 个纯单光子输入到一个 60 模式干涉仪中进行实验,开发出高效、纯净且难以区分的单光子和超低损耗光学电路的 3D 集成的固态光源。

表 8.5 中序号为 3 的文献报道了,在二维蜂窝状晶格上具有主要 Kitaev 相互作用(键相关的 Ising 型相互作用)的绝缘二维量子磁体 α-RuCl^3 中观察到的霍尔效应量子化。量子磁体中出现的 Majorana 费米子将对强关联量子物质产生重大影响,为在相对较高的温度下进行拓扑量子计算开辟了可能性。

表 8.5 中序号为 4 的文献,展示了具有 CMOS 兼容驱动电压的单片集成铌酸锂电光调制器,支持高达 210 GB/s 的数据速率,且显示芯片内的光学损耗小于 0.5 分贝。该文献展示的方法可能导致大规模的超低损耗光子电路出现,可在皮秒时间尺度上重新配置,实现前馈光子量子计算的应用。

表 8.5 中序号为 6 的文献,回顾了量子资源理论的一般框架,重点介绍了共同的结构特征、操作任务和资源措施。量子资源理论(QRT)为研究量子物理学中的不同现象提供了一个高度通用和强大的框架。从量子纠缠到量子计算,资源理论可用于量化所需的量子效应,开发用于检测的新协议,以及确定可针对给定应用优化其使用的过程。

在过去的 20 年中,超导量子电路领域已经从重要的基础研究方向发展为探索大型超导量子系统的工程领域。表 8.5 中序号为 7 的文献,回顾了在此期间发展出来的一些基本元素,包括量子位设计、噪声特性、量子位控制和读出技术,将电路量子电动力学的基本概念、门模型量子计算同当代最新应用联系起来。

当光与物质的相互作用能量与未耦合系统的裸频率相当时,就形成了超强耦合(USC)机制。此外,当相互作用强度大于裸频率时,会出现深度强耦合(DSC)区。表 8.5 中序号为 8 的文献,综述了在光与物质相互作用超强耦合(USC)和深度强耦合(DSC)领域的研究进展,特别是在与二能级系统相互作用的腔中的光模式。强调了利用 USC 和 DSC 机制的预期应用,包括新的量子光学现象、量子模拟和量子计算。在量子计算方面主要讨论了实现超快速量子计算、受保护的量子位来存储量子信息、操纵和准备所需量子态的可能性。

表8.5中序号为9的文献从三个方面综述了机器学习如何帮助人们构建和研究量子计算机:量子态层析成像、量子位控制和制备、量子误差校正;量子态层析成像对于了解和改善当前量子硬件的局限性尤其有用;量子控制和量子误差校正使用算法解决方案来解决用量子系统执行计算协议的问题。

本 章 小 结

本章通过对量子计算领域非专利文献发表态势进行分析得出,全球量子计算非专利文献在经历了萌芽阶段和快速发展阶段之后,目前正处于爆发式增长阶段;中国的量子计算非专利文献发表态势与全球的非专利文献发展态势基本一致。

通过对量子计算领域非专利文献的分布情况和主要作者机构进行分析,了解到量子计算非专利文献的主要发表机构来自美国和中国,国内以中国科学院、中国科学技术大学和清华大学在量子计算领域的非专利文献发表量最多。

在资金资助方面,中国国家自然科学基金和美国国家基金会资助的量子计算非专利文献发表量最多,国内的量子计算非专利文献的绝大多数资助机构是中国国家自然科学基金。

在国际合作方面,美国的国际合作非专利文献发表量最多,其次是德国、英国和中国。由全球机构的合作情况可知,法国国家科学研究中心的国际合作非专利文献发表量最多,其次是中国科学院,再次是加州大学。中国在量子计算领域合作较多的机构有中国科学院、中国科学技术大学和清华大学。

通过分析量子计算领域高影响力文献之间的引用关系可知,被引用较多的文献的影响力也往往较大,它们通常是该领域中的标志性文献,具有较大的参考价值。

通过分析高被引论文,可以了解近十年来量子计算领域影响力较大的非专利文献。通过热点论文可以了解近两年量子计算领域非专利文献研究的前沿热点,目前的研究热点涉及量子计算的理论和实验多个方面。

第 9 章

结论与建议

9.1 结论

9.1.1 总体情况

(1) 全球围绕量子计算技术的专利申请量与专利公开总体上呈逐年增长态势。这说明各国围绕量子计算技术的研发工作持续展开,在竞相进行量子计算相关技术创新成果的专利布局工作。其中,美国、日本、中国的专利申请量处于领先位置。

(2) 全球围绕量子计算技术的专利申请量每年为几百件,与其他行业的知识产权工作情况相比,大致可以推断,围绕量子计算技术的知识产权布局工作整体仍处于起步阶段,爆发期可待。

(3) 我国围绕量子技术的专利布局工作主要集中在科研院所和企业,两者平分秋色。国外在 20 世纪 90 年代开始布局,2006 年至 2017 年经历了大发展阶段,专利申请量稳步增长。2000 年以前,中国量子计算技术领域专利申请量微乎其微,在 2000 年以后才出现增长,并且在 2010 年以前增速较缓,2010 年以后量子计算领域的中国专利申请量稳步攀升。

(4) 我国在量子计算领域尽管取得了一定成绩,但同美国政府、科研机构、产业和投资力量多方协同的境况相比,我国产研各方力量分散,科研体制较难适应量子计算领域快速变化的新情况。

(5) 围绕量子计算技术的知识产权工作整体处于起步期,且各国均在竞相展开,并有望通过爆发期的积累,占据量子计算技术相关知识产权成果的领先地位,从而为获得量子计算技术绝对话语权奠定基础。这个过程对于中国而言是机遇,更是挑战。怎样在知识产权工作中把握好这个机遇、迎接好这项挑战,是中国每一个从事量子计算技术研究的主体单位需要面对的事情,更是中国整个量子计算技术行业不容忽视的问题。

9.1.2　主要技术领域

9.1.2.1　硬件领域

(1) 在超导约瑟夫森结技术领域,全球主要专利申请量排名前 20 位的申请人中,日本有 10 家,美国有 4 家。其中,专利数量最多的是日本的富士通公司。该公司具有丰富的技术积累、先进的研发团队,并基于半导体技术,在超导领域展现出较强的研发能力。

(2) 在量子态技术领域,全球主要申请人专利申请量排名中,北美地区的申请人占据优势,专利数量排名前 3 位的申请人分别是美国的英特尔公司、加拿大的 D-Wave 公司、美国的 Amin Mohammad 公司。此外,美国的微软公司、麻省理工学院、杜克大学也有布局。

(3) 在逻辑门与逻辑操作技术、参量放大器技术和信号耦合技术领域,全球专利申请来源中,美国、日本数量较多,中国紧随其后。美国的诺斯洛普·格鲁门系统公司、IBM、谷歌公司、Rigetti 公司,日本的富士通公司、日立公司等为典型代表,中国的本源量子在国内贡献突出。

9.1.2.2 软件领域

本书选择编译器（包括中间代码生成与优化、即时编译、量子线路编译优化与校准）、量子编程语言（包括类型系统、量子经典混合）、量子模拟器（包括虚拟机、CPU/GPU、分布式计算）等作为量子软件专利的典型领域进行分析。在此领域中，美国占据巨大优势，日本其后，中国刚开始布局。

9.1.2.3 应用领域

当前量子计算处于技术发展的早期阶段，技术涉及领域广、概念原理复杂、应用场景丰富，但大多处于原理样机阶段，产品进入商业化、产业化领域较少。本书选取量子算法应用、生物科技应用、人工智能科技应用和量子云应用等领域进行了分析。

在算法领域，美国和中国处于第一梯队，竞争激烈；在生物科技应用方面，美国居于绝对领先地位，中国、日本、欧洲位于第二梯队；在人工智能领域，中国和美国处于领先位置，以中国科学院、中国科学技术大学等研究机构和腾讯公司、百度公司、上海量斗物联网科技有限公司为代表的国内机构，同以 IBM、谷歌等科技巨头和坦普尔大学、佛蒙特大学为代表的国外机构形成竞争态势；在量子云领域，中国已取得一系列重要成果并获得领先优势。

9.2 建议

9.2.1 主要问题

（1）量子计算核心技术研发起步晚，制约因素多。量子计算硬件的技术创新与集成电路产业息息相关。目前，支持量子芯片与量子测控产品研发的原材料、工艺、设计、设备、封测等技术与产品的国内自主生产能力不足，较依赖进口。尤其是特殊半导体材料、核心元器件、低温制冷设备等仍处于"卡脖子"状态，面临进口受限的风险。

（2）参与量子计算的创新主体少、规模小，缺乏全面战略布局。目前国内从事量子计算研究的高校、科研机构和企业仅数十家。与北美地区、欧洲已初步形成的科技创新格局相比，缺少产业上下游企业、商业资本、行业协会等主体参与科技基础研究、重大共性关键技术攻关、技术成果转移转化等。

（3）量子计算人才缺口现象严重，科技创新后续乏力。量子计算属于基础学科的前沿技术，研究准入门槛高，研发难度大，人才缺口现象全球普遍存在，对于我国而言，此现象更为突出。我国现有的量子计算专业人才数量极少，中高层人才数量稀缺，主要集中于知名高校与科研院所的研究团队，其他高等院校和教育机构缺乏针对量子计算技术发展的系统化学科布局和建设。另外，我国缺少从事量子计算从业技能培训的相关主体，无法满足量子计算实际应用研究的需求。

9.2.2 应对建议

（1）政府正向引导，助推"未来"硬科技发展。量子计算当前处于研发投入阶段，距离可应用级别尚需十年以上时间，政府应客观、精准、正向推动量子计算技术健康发展，既要有紧迫感，也要切忌急功近利。政府须调配自身资源以构建起量子计算技术发展的快车道，同时利用政府公信力和权威发挥杠杆作用，引导社会资本、资源和人才有序加入到量子计算技术的发展中来。

（2）加大对量子计算软硬件核心技术的研发支持。建议国家、省、市三级科技创新主管部门在科技重大专项、重点研发计划、战略性先导专项、自然科学基金等重大项目上，实行量子计算方向的政策倾斜，集中优势资源，着力攻克技术薄弱环节，如提升量子比特规模和性能、提高量子比特相干时间、实现噪声环境下的高保真度量子逻辑门等技术瓶颈问题。另外，支持量子计算企业设立重点实验室、博士后工作站等产学研合作机构，打通校企合作的沟通渠道，促进重大、关键、共性技术协同攻关，强化技术研发与实际应用的融合。

（3）全面建设量子专业人才梯队。依托我国现有的各类高层次人才引进政策，适时设立"量子计算人才引进专项计划"，简化流程，开启绿色通道。在注重引进的同时，支持校企间的产学研协作，布局学科建设，开展联合办学、定向培养等工作，形成一批中高级技术人才团队。同时，在全国范围内推广职业技能培训与科普教育活动，培育基础学科人才与管理人才队伍。

量子科学出版工程

果壳中的量子场论 / （美）徐一鸿（A. Zee） 张建东 等

量子信息简话：给所有人的新科技革命读本 / 袁岚峰

量子系统格林函数法的理论与应用 / 王怀玉

量子金融：不确定性市场原理、机制和算法 / 辛厚文 辛立志

量子计算原理与实践 / 曾蓓 鲁大为 冯冠儒

量子与心智：联系量子力学与意识的尝试 / （美）德巴罗斯 刘桑 等

量子控制系统设计 / 丛爽 双丰 吴热冰

量子状态的估计和滤波及其优化算法 / 丛爽 李克之

量子统计力学新论：算符正态分布、Wigner 分布和广义玻色分布 / 范洪义 吴泽

介观电路中的量子纠缠、热真空和热力学性质 / 范洪义 吴泽 范悦

量子场论导引 / 阮图南

幺正对称性和介子、重子波函数 / 阮图南

量子色动力学相变 / 张昭

量子物理的非微扰理论 / 汪克林 高先龙

不确定性决策的量子理论与算法 / 辛立志 辛厚文

量子理论一致性问题 / 汪克林

量子系统建模、特性分析与控制/ 丛爽

基于量子计算的量子密码协议/ 石金晶

量子工程学：量子相干结构的理论和设计/（英）扎戈斯金 金贻荣

量子信息物理/（奥）蔡林格 柳必恒 等